내 아이 15살 되기 전에
엄마가 미리 알아야 할 것들

아이를 단단하게 바로잡는 엄마 감정수업

내 아이 15살 되기 전에
엄마가 미리 알아야 할 것들

손병일 지음

아이가 서서히
걱정되기 시작할 때

왜 사춘기 아이는 부모에게 반항할까? 이전까지 착하고 말 잘 듣고 온순했던 아이가 도대체 왜?

이 질문에 답하기 전에 먼저 영화 〈프로메테우스〉를 떠올려 보자. 이 영화는 가까운 미래에 인류가 자신을 만든 조물주를 찾아 우주선을 타고 먼 여행을 떠나는 내용이다. 조물주의 별에 도착한 인류는 그곳에서 자신의 창조자를 만나지 못한다. 그곳의 다른 종에게 습격당해 멸종 직전 다른 별로 떠났기 때문이다.

내가 영화에서 주목한 것은 '왜 인류가 조물주를 만나려 하는가'였다. 그들은 조물주에게 '인간을 만든 이유'를 듣기 위해서 먼 여행을 떠난 것이었다. 물론 영화는 대답해주지 않는다. 조물주가 아니었으니 대답해줄 수 없었을 것이다.

그럼 이제 로봇을 만든 사람의 입장에서 생각해보자. 가까운 미래에 어느 로봇이 자신을 만든 인간에게 "왜 나를 만들었느냐?"고 묻는 장면을 상상해보자. 그때 인간은 이런 대답을 들려줄 수 있을 것이다.

"나는 너를 만들 수 있었기 때문에 만들었다."

자, 조금 길을 돌아왔지만, 사춘기 아이가 부모에게 반항하는 이유의 답을 다시 떠올려보자. 사춘기가 된 아이가 반항하는 이유도 로봇을 만든 이유와 같을 것이다. "할 수 있으므로" 그것을 하는 것이다. 부모에게 반항할 힘이 생겼기 때문에 반항하는 것일 뿐이라는 말이다.

아이가 사춘기가 되었다는 것은 '힘이 생겼다'는 것이다. 따라서 부모도 거기에 맞춰서 부모 역할을 해줘야 한다. 아동기 때 부모는 양육자와 인도자의 역할을 해주면 되었다. 하지만 사춘기가 된 아이에게는 조력자와 협상가의 역할을 해줘야 한다.

교육 전문가들은 "오늘날 한국 사회는 '부모 역할'을 하는 것이 거의 불가능한 상태가 되었다"고 진단한다. 내가 상담을 하면서, 또는 부모교육을 하면서 만난 무수한 엄마들도 "엄마 노릇 하는 게 너무 힘들다"고 하소연한다. 여러 부모 교육서를 섭렵한 그 엄마들은 '올바른 엄마 역할'이 무엇인지 잘 알고 있다. 하지만 "어떻게" 그런 역할을 할 수 있는지를 몰라 갈팡질팡한다.

나는 그 엄마들에게 "엄마 역 연기자가 되라"고 권하고 싶다. 말하자면, "좋은 엄마 역을 맡은 배우가 되어, 아이에게 즉흥연기를 해주라"는 것이다. 단번에 '좋은 엄마'가 될 수는 없지만, '좋은 엄마를 연기'하는 건 할 수 있지 않을까.

그런데 그런 연기를 계속하다 보면 신기한 일이 벌어진다. 좋은 엄마 연기를 반복하다 보면, 자기도 모르게 좋은 엄마를 닮아가게 된다. 설사 그러고 싶지 않을지라도, 연기를 계속하면 좋은 엄마가 되고 만다. 이는 뇌 과학자들과 진화심리학자들의 공통된 주장이기도 하다. 독자들은 아마도 이런 이야기가 안 믿겨질 것이다. 그렇다면 이런 실험 이야기는 어떤가?

1970년대 미국 스탠포드 대학의 사회심리학자들이 가짜 감옥을 만들어 '간수와 죄수' 실험을 했다. 실험에 참가한 21명은 모두 심신이 건강한 사람들이었다.

실험 첫날, 경찰관들이 죄수 역이 된 이들을 집에서 체포하여 수갑을 채우고 경찰서로 연행해갔다. 그런 과정을 거쳐 감옥에 수감된 죄수 역 피험자들은 자기도 모르게 '죄수의 심리'에 빠져들었다고 한다.

죄수들보다 더 빠르게 역할에 적응한 것은 간수들이었다. 누가 시키지도 않았는데 첫날 밤 새벽에 죄수들을 깨워서 팔굽혀펴기 등을 시키며 얼차려를 주었다. 그런 행동에 격분한 죄수들은 다음 날 아침에 수감번호를 찢고 감방 안에 바리케이트를 치면서 저항했다. 그러자 간수들은 그들을 발가벗긴 채 물대포를 쏘아댔으며 반란의 지도자를 독방에 가둬 버렸다.

그 과정에서 극심한 스트레스를 받은 죄수 4명이 결국 실험을 포기하고 말았다. 실험 참가 36시간 만에 일어난 일이었다. 2주 동안 계획됐던 그 실험은 죄수 역할을 한 사람들의 심한 우울증과 불안 등으로 6일 만에 중단됐다. 실험이 끝난 뒤 죄수 역 피험자 한 명이 이렇게 말했다.

"이제야 전 깨달았습니다. '내 머릿속에 있는 게 나야'라고 아무리 생각하려 해도 죄수로서의 제 행동을 통제할 수 없다는 것을요."

다른 죄수 역 피험자들도 "감옥에서 아무리 죄수 이전의 정체성을 되찾으려고 해도 그것이 불가능했다"고 고백했다. 그들은 그저 감방에 갇힌 하나의 죄수였고, 그 죄수가 모든 결정을 내리고 있었다고 한다.

이 실험은 역할 연기가 실제 인간에게 얼마나 큰 영향을 미치는지를 충격적으로 보여준다. 간수 역 피험자들이 악질적인 간수 연기를 하자 죄수 역 피험자들은 무력하고 우울한 죄수 연기를 하게 되었다.

나는 이 실험을 역으로 이용하자고 제안하고 싶다. 엄마가 '좋은 엄마' 연기를 지속하면, 아이도 결국 '좋은 엄마' 연기에 맞춰서 행동하게 될 것이기 때문이다.

죄수와 간수 실험은 인간이 상황과 조건에 얼마나 취약한 존재인지를 적나라하게 보여준다. 하지만 반대로 그만큼 적응력이 뛰어나다는 뜻이기도 하다. 인간은 자신이 처한 상황에 맞는 역할을 재빨리 파악하고, 그에 맞는 행동을 하도록 진화했다. 그 덕분에 지구 환경에서 생존할 수 있었고, 모든 생물 종 중 가장 우월한 두뇌를 소유할 수 있게 되었다.

사춘기 아이가 반항하고 있다면, 그 역시 자신이 처한 상황과 조건에 적응하고 있는 것이다. 그런 상황과 조건을 만들어준 부모에게 맞춰서 행동하고(연기하고) 있는 셈이다. 엄마와 아이가 간수와 죄수처럼 비극적인 연기를 하고 있다면 누군가 상황을 바꿔주어야 한다. 그 '누군가'는 아이보다 엄마가 될 가능성이 훨씬 크다. 그러니 엄마가 먼저 그동안 간수의 배역을 연기해오지 않았는지 되돌아볼 일이다. 학부모 역할만 해왔다거나 칭찬에 인색하고 화내는 '팥쥐 엄마' 역할만 해왔다면, 이제는 '부모'나 '콩쥐 엄마'로 배역을 바꿔줘야 한다.

당신은 그동안 콩쥐인 아이에게 '팥쥐 엄마' 역을 해온 게 아니었나? 내 뱃속으로 낳은 아이들은 모두 콩쥐들이다. 입양했거나 재혼했거나 한 집에 사는 아이들 역시 마찬가지다. 콩쥐가 아무리 착할지라도 팥쥐 엄마를 사랑할 수는 없다. 내 아이가 팥쥐처럼 심술궂고 미련하고 못되게 행동하고 있다면 엄마가 '팥쥐 엄마'를 연기하고 있는 건지도 모른다. 그렇다면 '콩쥐 엄마'로 배역을 바꿔줘야 한다.

나는 확신한다. 엄마가 '콩쥐 엄마' 배역을 계속 연기한다면, 머지않아 아이도 예쁘고 사랑스러운 콩쥐가 되어 있을 거라고.

CONTENTS

PART 1

누구에게나 한 번쯤,
아이 때문에
울게 되는 순간이 온다

엄마가 아니라
엄마 역할이 중요하다

영화 〈마더〉는 주인공인 어머니(김혜자 분)가 지적 장애인 아들(원빈 분)의 여고생 살해 혐의를 벗기기 위해 고군분투하는 이야기이다. 늙은 어머니는 아들의 무죄를 증명하려고 온갖 어려움을 무릅쓰며 자신을 내던진다. 우여곡절 끝에 마침내 다운증후군 환자인 청소년이 범인으로 밝혀진 후, 교도소에 갇힌 피의자(다운증후군 환자)를 찾아간 주인공은 그에게 어머니가 없다는 사실을 알고 절규하듯 소리쳐 묻는다.

"넌 엄마도 없니?"

학교에도 '엄마가 없는' 아이들이 있다. 그들은 양친이 살아있거나 아빠가 없는 아이보다 분명 더 불쌍하고 안쓰럽다. 어른이라면 '엄마 없는 아이가 가장 불쌍하다'는 내 의견에 대부분 동의할 거라 생각된다. 그런데 미국의 심리학 교수 에미 워너Emmy Werner의 회복탄력성에 관한 연구는 그런 내 생각이 고정관념일 수 있다는 사실을 일깨워 주었다.

워너 교수는 하와이 카우아이 섬의 가정들을 대상으로 한 40년의 종단연구를 통해 이런 사실을 발견했다. "아무리 환경이 열악한 가정에서 자란 아이들일지라도 그중 30%는 평범한 가정에서 자란 아이들만큼 훌륭하게 성장한다"는 것이었다. 그 30%는 다른 아이들처럼 십대 미혼모의 자식으로 태어나거나, 결손 가정에서 자란 아이들이었다.

에미 워너 교수는 '고난과 역경 속에서도 건강하게 삶을 영위하는 능력'을 '회복탄력성Resilience'이라는 개념으로 설명한다. 그런데 이 회복탄력성이 뛰어난 아이들에게는 한 가지 공통점이 있었다. 그것은 가족이나 친척 가운데 자신을 전폭적으로 지지해주는 사람이 적어도 한 명은 반드시 있었다는 사실이었다. 부모 중 한 명이나 조부모 중 한 명, 또는 이모나 삼촌 중 한 명은 그 아이가 무슨 일을 하든 무조건적인 신뢰를 보냈다. 그런 아이들은 어떤 어려운 환경 속에서도 자신의 삶을 망가뜨리지 않는 힘을 갖고 있었다. 이 연구는 아이의 성장에서 본질적인 것은 생물학적인 엄마가 아니라 '엄마역할'을 해줄 사람이라는 것을 웅변적으로 설명해주고 있다.

엄마 같은 사람,
정혜신

정신과 의사 정혜신은 '엄마 같은 사람'으로 통한다. 정혜신은 본래 〈마인드 프리즘〉이라는 회사에서 대기업 임원이나 CEO들을 대상으로 심리 컨설팅을 해주던 정신의학 박사였다. 십여 년 전부터 고문피해자들을 위한 무료 상담을 하면서 '거리의 의사'로 명성을 얻기 시작했다. 이어서 정혜신은 쌍용차 해고자들의 연이은 자살 소식을 접한 뒤, 평택으로 내려가 치유센터 '와락'을 만들어 희생자와 해고자 가족들의 치유를 도왔다. '엄마 같은 사람'이라는 말은 쌍용차가족대책위 권지영 대표가 한 말이라고 한다.

2014년 4월 16일 세월호 침몰 사고가 터졌던 날, 정혜신은 지체 없이 평택항으로 달려갔다. 그곳에서 단원고 희생자 유가족들의 참상을 본 그녀는 얼마 뒤 안산에 '치유센터 이웃'을 열고 유가족들의 트라우마를 치유하는 일에 전념하고 있다.

나는 정혜신을 '엄마 역할에 능통한 사람'이라고 표현하고 싶다. '이웃'에서 있었던 두 가지 일화는 그녀가 얼마나 엄마 역할에 탁월한지를 여실히 보여준다.

세월호 생존 학생 중 밤마다 학교에 가서 자신이 공부하던 교실에 앉아 있다 오곤 하는 여학생이 있었다. 뒤늦게 그 사실을 안 어머니는 기겁하고 학교로 달려가 딸을 집으로 데리고 왔다. 그 어머니는 딸에게 "네가 친구를 자꾸 그리워하면 친구가 하늘나라에 못 간다. 네가 보내줘야 한다"고 타일렀다. 얼마나 난감한 상황이었겠는가. 밤 11시, 대부분의 친구가 저세상으로 떠난 교실에 홀로 앉아 있는 딸의 모습이라니!

정혜신은 그런 딸에게 '친구를 보내주라'고 말하는 것은 엄마 역할을 제대로 못 하는 것이라고 말한다. 그 여학생의 발길을 음산한 교실로 향하게 한 것은 무서움보다 더 강한 감정, 곧 절박한 그리움이었기 때문이다. 정혜신에 따르면 "아이는 본능적으로 살기 위해서 교실로 향한 것"이었다. 친구와 못다 한 일들, 나누고 싶었던 말을 충분히 애도하지 못하면 살 수 없을 것 같은 마음이었으리라는 것이다.

정혜신은 엄마가 그런 딸을 교실로 가지 못하게 막는 것은 엄마의 불안감 때문에 딸의 애도를 막는 것이라고 말한다. 대신 엄마는 안정감을 갖고 아이에게 "네가 앉은 자리가 누구 자리였니?" "그 친구랑 너랑 어떤 사이였니?" "친구와 무슨 일을 함께 겪었니?"라며 물어야 한다고 한다. 이를 통해 친구에 대한 애도를 도울 수 있기 때문이다. 아이가 친구에 대해, 친구를 잃은 자신의 감정에 대해 충분히 이야기하는 과정 없이는 트라우마로부터 자유로워질 수 없다. 이처럼 아이의 슬픔과 그리움, 괴로움 등의 모든 감정을 격려하고 지지해주는 것은 '엄마 역할'의 핵심에 속한다.

세월호 유가족 중 막내아들을 잃은 어머니가 있었다. 그녀에게는 막내보다 여섯 살 더 많은 대학생 아들이 있었는데, 큰아들이 학교도 안 가며 "그 인간들 다 죽여버리겠다"는 살의를 품은 채 지내고 있었다.

정혜신은 큰아들로 인해 공황상태에 빠진 어머니에게 이런 말을 들려주었다. "큰애한테 가서 꼭 전해주세요. 어떤 정신과 의사가 그러는데 그렇게 억울하게 동생을 잃고도 하던 일 차분하게 잘하면 그게 진짜 형이겠냐고. 진짜 형이라서 그런 거라고."

며칠 후에 큰아들이 엄마와 함께 정혜신을 만나러 왔다. 죽이고 싶은 사람이 누구냐고 물으니 그가 사나운 눈빛으로 세 사람의 이름을 댔다고 한다. 그 말을 듣고 난 그녀가 진심을 다해 말했다. "그래라. 네 계획대로 그 인간들 꼭 죽여라. 네가 진짜 좋은 형이다."

그 말을 듣고 난 형이 눈물을 쏟으며 이런 고백을 했다. "저는 절대 좋은 형이 아니에요, 수학여행 가기 전날 별것도 아닌 일로 동생을 혼냈었어요……." 그는 여섯 살 어린 동생에게 자신이 아버지 역할을 해야 한다는 생각으로 지나치게 엄하게 굴었던 것을 뼈아프게 자책하고 있었다. 그의 살의는 자기 자신을 향하고 있던 죄의식이었던 셈이다. 일찍 돌아가신 아버지와 힘겹게 살아온 어머니에 관한 이야기를 풀어놓으며 형의 눈빛이 누그러졌다고 한다. 그런 과정을 거쳐 치유된 그는 얼마 뒤 동생 사진들을 액자에 끼워 세워놓았고, 중단했던 자격시험도 다시 시작할 수 있었다.

아이의 감정은　정혜신은 "그 형이 느낀 살의殺意는 정신질환이나 범죄적
언제나 옳다!　성향이 아니라 사랑할 수 있는 능력을 갖춘 인간이라는 증
　　　　　　거다"라고 말한다. 비정상적인 상황에선 비정상적 반응이
정상이기 때문이다. 하지만 보통의 부모들은 '비정상적이라고 여겨지는
상황에서 아이의 비정상적 감정을 정상이라고 여기는 일'에 매우 서툴다.

　정혜신의 상담 모토는 "환자는 언제나 옳다Patient is always right"라고 한
다. 그녀는 사람을 무의식까지 깊이 이해하면 '모든 인간이 옳다'는 결론
에 이르게 된다고 말한다. 놀라운 일은 '엄마 역할의 교과서'인 그녀가 엄
마 없이 어린 시절을 보낸 아이였다는 사실이다! 얼마나 아이러니한 일인
가. 엄마의 부재 속에서 성장한 그녀가 누구보다 더 훌륭한 엄마가 되었다
는 사실이. 고통받는 이들의 가장 진실한 치유자가 엄마 없는 아이였다니.

　정혜신에게 배울 수 있는 '엄마 역할의 제1원칙'은 다음과 같다.

　"아이의 감정은 언제나 옳다!"

　어떤 상황에서도 '아이의 행동에는 잘못이 있지만 아이의 감정에는 잘
못이 없다'는 대원칙을 지킬 수 있다면, 당신은 이미 '콩쥐 엄마'의 반열에
오른 것이다.

선생님, 어쩌죠?
우리 아이가 아닌 것만 같아요

저녁 식사를 위해 막 쌀을 씻으려는데 핸드폰이 울렸다. '오윤정 모'라고 입력된 번호가 떴다. 윤정은 작년에 내가 담임을 맡았던 여학생이었다.

"아! 윤정이 어머님이세요?"

"선생님, 기억하시네요……?"

어머니의 목소리가 조금 떨렸다. 작년 담임에게 전화했다는 건 어지간한 사건이 아니라는 뜻이었다.

"번호가 저장되어 있어서요."

"선생님, 우리 윤정이 어떻게 해요. 흐윽……, 윤정이가 제 딸이 아닌 것 같아요."

윤정 어머니는 결국 북받쳤던 울음을 터뜨리고 말았다. 밥솥을 엉거주춤하게 든 채로 나는 통화를 계속해야 하나, 밥부터 해야 하나 망설였다.

"선생님, 윤정이가 이틀이나 가출을 했어요. 저 어떻게 해야 돼요?"

"……네, 그런 일이 있었군요."

"우리 윤정이가 왜 그러는 걸까요? 윤정이가 작년 담임 선생님이 좋았다고 했던 말이 생각나서……."

내가 밥솥을 내려놓으며 말했다.

"어머니, 만나 뵙고 얘기하는 게 좋을 거 같아요. 제가 지금은 저녁을 해야 해서요. 학교 앞 카페 아시죠? 거기서 7시에 봬요."

"네, 알겠습니다. 죄송합니다, 선생님."

윤정 어머니는 울음소리를 남기며 황급히 전화를 끊었다.

윤정 어머니와 아버지는 7시 5분 전에 카페로 들어왔다. 나는 두 분과 마주 앉아서 그동안 윤정에게 있었던 일들을 들었다. 먼저 윤정 어머니가 입을 열었다.

"지난 금요일에 윤정이하고 전화로 갈등이 있었어요. 다음 날이 할머니 생신이었는데, 할머니 댁에 가지 않고 친구랑 불꽃축제에 가겠다는 거예요. 한 달 전부터 약속했던 거라면서요. 제가 안 된다고 못을 박으면서 전화를 끊었어요. 그렇게 끊은 다음부터 통 연락이 안 되더니 그날 집에도 안 들어왔어요."

금요일이면 3일 전 이야기였다.

"다음 날 윤정이 언니가 윤정이와 통화를 해서 피시방에 있다는 걸 알게 됐어요. 피시방에 가면서 '잘 다독여서 데리고 와야지' 하고 갔는데, 막상 얼굴을 보니까 너무 화가 나는 거예요. 윤정이가 계속 불꽃축제에 가겠다고 고집을 부리더라고요. 계속 다투면서 오다가 제가 윤정이 핸드폰을 길바닥에 던져버렸어요. 산산조각이 났죠. 그걸 본 윤정이가 또 도망을 가버렸고요."

윤정의 언니는 고2였는데, 윤정과 달리 학급회장을 도맡아 할 정도로 반듯하게 학교생활을 하는 아이였다. 그날 밤엔 언니가 윤정을 만나서 불꽃축제를 함께 본 뒤에 집으로 돌아왔다고 한다.

그런데 다음 날이었던 일요일, 윤정이 다시 친구를 만나러 가겠다고 고집을 부렸다. 2시까지 들어오라고 했더니, 그게 또 기분이 나빠서 집에 들어오지 않았다는 것이었다. 어머니의 말을 듣고 난 내가 무겁게 입을 열었다.

"제가 몇 년 전 담임을 했던 아이 중에 윤정이와 비슷한 아이가 있었어요. 현아라는 아이였는데, 윤정이보다 훨씬 심각했죠. 1학년에 들어오자마자 현아가 많은 사고를 쳤어요. 그래서 지금처럼 부모님을 만나서 상담을 했어요. 그때 제가 어머니에게 '현아가 아버지와 갈등이 심하니까, 어머니라도 현아 편이 돼주시라'고 말씀드렸어요. 그 뒤부터 현아 어머니가 딸의 편이 돼주려고 많이 노력하셨죠.

그 덕분에 2학기가 되면서 현아가 많이 좋아졌어요. 먼저 학원에서 함께 어울렸던 일진 친구들하고 관계를 끊었어요. 그러고는 매일 집에 일찍 와서 로맨스 소설을 읽거나 가요를 들으면서 엄마가 오기를 기다렸어요. 여자아이 중에는 어머니와의 친밀감에 많이 의존하는 아이가 있거든요. 현아가 그런 성향이었는데, 윤정이도 비슷한 거 같아요. 현아 어머니는 여덟 시쯤에 퇴근하셨어요. 현아는 그때까지 혼자 있는 시간을 무척 힘들어했어요. 그래도 소설이랑 노래로 마음을 달래면서 지냈던 거 같아요. 제가 9월에 현아네 집으로 가정방문을 갔는데, 어머니가 요즘은 정말 살 것 같다고 하시더라고요. 현아가 너무 좋아져서 아버지와의 관계도 많이 좋아졌다며 정말 행복해하셨어요.

그러다 2학기 중간고사 때부터 다시 아버지와 관계가 틀어지기 시작했어요. 현아가 학교생활을 착실하게 하자 부모님이 공부에 욕심을 내신 거예요. 중간고사가 끝난 뒤부터 현아가 자주 지각을 하더라고요. 한 번은 울면서 교실로 들어오길래 무슨 일이 있었냐고 물어봤더니, 아버지가 공부 안 할 거면 집을 나가라고 했다는 거예요.

그런데 아버지보다 더 결정적이었던 건 어머니의 행동 변화였어요. 현아 어머니가 공부에 있어서만은 아버지와 뜻을 같이했던 거예요. 그동안 자기 편인 줄 알았던 어머니마저 자신을 혼내자, 현아가 급격히 무너지기 시작했어요."

엄마는 몰랐던
아이의 속마음

나는 현아의 이야기를 잠시 중단하고 다른 화제를 꺼냈다.

"어느 십대 상담 전문가가 한 말인데요, 반항하는 십대가 부모에게 너무 하고 싶지만 자존심 때문에 하지 못하는 말이 있대요. 그게 뭐냐면 '내가 아무리 못되게 굴더라도 제발 내 편이 돼줘요'라는 말이래요. 지금 집에 윤정이 편인 분이 있나요?"

윤정 어머니가 고개를 저으며 말했다.

"아무도 없는 거 같아요. 아빠도 저도 윤정이에게 왜 반듯하게 생활하지 않느냐며 다그치기만 했거든요."

"윤정이 담임 선생님과는 통화해보셨나요?"

그제야 윤정의 아버지가 무겁게 입을 열었다.

"제가 오늘 통화했는데, 윤정이 학교생활이 너무 엉망이라고 하시더라고요. 얘기를 들어보니 날라리처럼 생활하고 있다는 걸 알겠더라고요. 전 윤정이가 한 번도 아니고 두 번씩이나 가출을 한 게 이해가 안 돼요."

윤정의 부모에게 '카우아이 섬과 회복탄력성'에 대한 이야기를 들려준 뒤에 내가 말했다.

"윤정이가 작년 2학년 초까지는 무척 밝았잖아요. 그랬는데 5월 즈음부터 수업시간에 자는 일이 잦아지면서 점점 무기력해졌어요. 그때가 아버님 사업이 어려워져서 어머니가 사업장에 나가기 시작했을 때였잖아요. 그때부터 지금까지 윤정이가 무척 외롭고 힘들었을 거예요."

윤정 어머니가 울 것 같은 얼굴로 말했다.

"네, 정말 윤정이에게는 자기 편이 없었던 것 같아요. 아빠가 밥 먹을 때도 반듯한 자세로 밥 먹도록 교육을 시켜서 그런 걸로 많이 혼났거든요. 왜 언니처럼 생활하지 못하느냐고 비교도 많이 당했고요."

"그렇죠. 그러면서 상처를 많이 받아왔을 거예요. 아이들은 상처가 계속 쌓여서 견딜 수 없게 되었을 때 윤정이처럼 자기파괴적으로 변하거든요. 금요일에 가출했던 건 마음이 너무 아프다고 비명을 지른 거였는데, 다음 날 또 두 시간만 친구를 만나고 오라고 하니까 다시 집을 나갔던 거고요."

윤정의 어머니는 아버지가 딸에게 소리치며 혼낼 때는 자신도 무서워 진다며 하소연했다. 다행스러웠던 건 윤정 어머니의 얼굴에서 '딸에 대한 자신의 배역이 잘못되었다'는 것을 깨달은 표정이 나타났다는 것이었다. 그녀는 그동안 '혼내고 꾸짖기만 하는 팥쥐 엄마' 배역만 해온 것 같았다. 윤정 어머니가 '딸을 배려하고 수용하는 콩쥐 엄마'로 배역을 바꿀 거라는 믿음이 생겼다.

반면에 딱딱하게 굳어 있던 윤정 아버지의 얼굴에서는 그런 기미가 엿

보이지 않았다. 그래서 나는 그에게 현아의 충격적인 뒷이야기를 들려주어야 했다.

"현아도 아버지와 갈등이 정말 심했어요. 겨울방학이 끝나고 현아가 학교에 나왔는데, 얼굴이 많이 달라져 있었어요. 뭔가 붕 떠 있더라고요. 알고 봤더니 아빠와 싸우고 며칠째 가출한 상태였어요. 그렇게 며칠 다니다 봄방학을 하고 현아와 헤어졌는데, 2학년 초에 너무 안타까운 소식을 들었어요. 현아 친구를 통해서 들은 말인데, 현아가 친구한테 자신이 임신했을지 모른다며 임신테스트를 어떻게 하느냐고 물어봤다는 거예요. 가출했을 때 선배 남학생에게 성폭행을 당한 것 같았어요."

그 말은 들은 윤정의 어머니의 손이 가슴으로 옮겨졌다.

"아……."

나는 가슴을 문지르며 고통스러워하는 윤정의 어머니에게 더 아픈 말을 해야 했다.

"현아가 2학년 2학기가 되었을 때, 같이 만나서 밥을 먹었어요. 제가 어떻게 지내느냐고 물었더니, 집에서 '자기가 하고 싶은 대로 다 하면서 지낸다'고 하더라고요. 인터넷 게임도 마음대로 하고 핸드폰도 실컷 하면서 지낸다고요. 부모님이 그냥 내버려둔다면서요.

그 말을 들었을 때 이런 생각이 들었어요. 만약 현아 부모님이 딸이 그렇게 될 줄 알았다면, 1학년 2학기 때 왜 공부를 안 하느냐고 다그치지 않았을 거라고요. 이렇게 대하셨겠죠. '아이구, 우리 딸 요즘엔 친구들도 안 만나고 소설 책 읽으면서 착하게 지내고 있구나. 너무 고맙다'라고요."

윤정 어머니가 굵은 눈물방울을 떨어뜨리며 말했다.

"선생님, 우리 윤정이가 너무 걱정돼요."

윤정 아버지의 표정도 어느덧 바뀌어 있었다. 이어서 조금 희망적인 이야기를 윤정 부모에게 들려주었다.

"현아가 고3이 됐을 때, 연락이 돼서 카페에서 만났어요. 아르바이트를 열심히 하고 있더라고요. 현아가 한결 편안해진 얼굴로 부모님과의 관계가 다시 좋아졌다고 하더군요. 저한테 '선생님, 중학교 때는 제가 너무 철이 없었나 봐요. 제가 왜 그랬는지 모르겠어요'라면서 웃는데, 표정이 많이 밝아져 있었어요."

회한으로 가득해진 윤정 아버지의 얼굴을 보며 나는 말을 이었다.

"아이를 양육하면서 가장 힘든 일이 부부의 생각을 조율하는 일이에요. 지금은 아버님이 한 발 빠져 계시는 것도 좋을 것 같아요."

이어서 윤정 어머니에게 말했다.

"윤정이가 한창 예민할 시기에 어머니가 회사에 나가게 돼서 잘 돌보지 못한 것에 대해 먼저 사과하시는 게 좋을 것 같아요. 또 언니와 비교하면서 '왜 그렇게 못하느냐'고 다그쳤던 것도 사과해 주시고요. 그러면 윤정이 마음이 봄눈 녹듯 풀릴 거예요."

윤정 어머니는 스펀지처럼 빨아들이는 표정으로 내 말을 듣고 있었다.

"십대 관련 책에서 읽은 내용인데, 십대 여자아이들은 어머니와 친밀감이 강하게 형성돼 있을수록 성관계 시기가 늦어진다고 해요. 어머니와 친밀감을 느끼며 사는 아이는 이성 친구를 급하게 사귀려 하지 않거든요. 그런데 어머니와 교감이 없는 아이는 그 허기를 채우려고 남자친구를 쉽게 사귀게 돼요. 급하니까 남자애의 성격이 어떤지, 자신과 잘 맞는지 깊게 따져보지도 않고요.

성관계는 친밀감이 먼저 느껴진 다음에 이루어져야 하는 거잖아요. 그런데 어머니와 친밀감을 형성하지 못한 아이는 이성친구에게서 친밀감을 얻기 전에 성관계를 먼저 하기 쉽다고 해요. 그런 관계는 결국 실패로 끝나고, 다시 남자친구를 사귀어도 그런 패턴이 반복된다는 거죠."

내가 마지막으로 윤정의 아버지에게 부탁했다.

"아버님도 기회 봐서 윤정이에게 심하게 혼냈던 것에 대해 사과하시면 좋을 것 같아요. 작년에 제가 학급소식지에 실었던 윤정이의 글 기억나시죠? 중학교 2학년이 아버지에 대해 그만큼 애틋한 감정을 표현하는 건 굉장히 드문 일이거든요. '아버지가 사업이 힘들어지신 후부터 집에 오면 텔레비전만 보신다. 어렸을 때처럼 같이 장난도 치고 대화도 했으면 좋겠는데, 그렇지 못하고 아버지가 멀게만 느껴져서 너무 아쉽다. 하지만 아버지도 우리가 말을 걸어주고 관심을 가져주길 기다리고 계실 것 같다. 앞으로는 내가 먼저 아버지에게 다가가야겠다'고 썼잖아요. 윤정이가 그만큼 속이 깊고 정이 많은 아이예요."

그가 만감이 교차하는 얼굴로 고개를 끄덕였다. 나는 윤정의 감정을 받아들여 줄 것과 가족회의를 통해서 서로 의견을 조율해갈 것을 권한 뒤 윤정의 부모와 헤어졌다.

돌아가는 그들 부부의 뒷모습을 보며 왠지 모르게 마음이 놓였다. 그리고 이튿날, 그 이유를 알게 되었다. 아침 일찍 윤정의 어머니로부터 문자가 와 있었다.

선생님, 어제저녁은 감격의 시간이었어요. 윤정이 친구와 연락이 되어 잘 돌아왔고, 식구들도 윤정이를 환영해 주었답니다. 윤정이 아빠도 선생님의 말씀을 듣고 많은 변화가 있어 윤정이를 잘 다독였답니다. 정말 감사해요. 윤정이가 다시는 힘들어하지 않게

**아이가 사춘기가 되면
부모는 배역을 바꿔야 한다**

얼마 뒤에 학교에서 윤정과 우연히 마주치게 되었다. 윤정이 쑥스러운 미소를 지으며 내게 말했다.

"선생님, 내년에 다른 학교에 가시죠? 제가 스승의 날 꼭 그 학교로 찾아뵐게요."

"그래, 윤정아. 내년에 꼭 찾아와. 샘이 맛있는 거 사줄게."

엷은 미소를 지으며 돌아가던 윤정의 모습을 보면서 나는 윤정 어머니가 배역을 바꿨음을 알 수 있었다. 팥쥐 엄마에서 콩쥐 엄마로……. 윤정 어머니가 배역을 바꾼 계기는 현아의 인생 드라마를 엿보았기 때문일 터였다.

부모는 십대 아이를 인생 이야기라는 큰 맥락에서 바라볼 수 있어야 한다. '엄마 역할'의 핵심은 아이의 성장에 따라 배역이 달라져야 한다는 것이다. 아이가 어렸을 때는 아기의 모든 필요를 채워주는 노예 역을 해야 한다. 이때 아기는 어머니로부터 무조건적인 사랑과 돌봄을 받음으로써 마음속에 양심이 깃들게 된다고 한다. 일곱 살 즈음부터는 반대로 주인 역을 연기해야 한다. 종에게 하듯이 아이에게 생활 습관을 엄하게 가르쳐주어야 하기 때문이다. 사춘기가 되기 전인 11세나 12세까지가 타인을 배려하고 존중하는 법을 배울 수 있는 적기라고 한다.

4, 5학년 이후부터는 부모의 배역을 상담가 또는 협상가로 바꿔주어야 한다. 사춘기는 자신의 삶을 스스로 통제하려는 욕구가 왕성한 시기이므

로 아이를 협상의 대상으로 승격시켜 줄 필요가 있다. 협상이 끝난 뒤에
는 아이를 한없이 믿고 끈기 있게 기다려주어야 한다. 이 같은 '엄마 역할'
을 해주는 한 사람, 조부모든 삼촌이든 이모든 자신을 무조건적으로 지지
해주고 격려해주는 한 사람만 있으면, 아이는 회복탄력성이 뛰어난 건강
한 성인으로 자랄 수 있다.

당신도 꼭두각시 부모로
살고 있지는 않은가?

"인간은 스스로 움직이는 꼭두각시에 불과하다." 프랑스의 철학자 장 로스탕의 말이다. 인간은 스스로 생각하고 행동하는 것처럼 보이지만, 실상은 보이지 않는 줄에 매달린 '꼭두각시 인형'과 같다는 뜻이다.

꼭두각시 인형은 세 가지 특징을 갖고 있다. 느끼지 못하고, 질문할 줄 모르며, 상상하지 못한다. 마찬가지로 질문이 없는 엄마, 상상하지 못하는 엄마, 무감한 엄마는 꼭두각시 부모가 될 확률이 매우 높다. 지금 우리 사회의 많은 부모가 자신도 모른 채 '꼭두각시 부모'로 살아가고 있는 것 같다.

몇 해 전, 초등학교 5학년 여학생이 자살한 사건이 있었다. 작곡가가 꿈이었던 아이는 친구들과의 갈등과 오해로 고통을 겪다가 투신자살하고 말았다.

자살하기 전날 아이의 부모는 모두 집에 없었다. 아버지는 다른 지역에서 회사에 다니고 있었고, 어머니는 야간 근무를 하느라 집에 오지 못했다. 6학년 언니와 잠을 자고 난 다음 날, 언니가 학교에 간 뒤 아이는 혼자 집에 남았다.

사고 당일 학교로부터 아이가 결석했다는 연락을 받은 어머니는 딸에게 급히 전화를 걸었다. 아이와 통화하면서 이상한 느낌이 든 어머니가 급히 귀가했지만 이미 사고가 난 후였다. 강원의대 황준원 교수는 그 사건에 대해 이런 진단을 내놓았다.

"(청소년들의 자살 증가 현상은) 단순히 성적을 비관하고, 부모에게 야단맞아서가 아니라, 부모에게 쏟아지는 사회경제적 압박이 심해지면서 그 스트레스가 아이들에게도 전달되는 측면이 있다."

황 교수는 "가족 울타리 밖으로 밀려난 아이들은 또래 친구들과의 관계에 과도하게 몰입하게 된다"고 말한다. 5학년 여자아이가 친구들과의 갈등으로 죽음을 선택한 사건 역시 또래와의 관계에 과도한 의미가 부여된 경우라고 볼 수 있겠다.

나는 그 사건을 접하면서 조금 다른 의문을 갖게 되었다. '왜 그 아이는 어머니에게 또래와의 갈등을 고백하지 못했을까?'

그 사건이 일어난 얼마 뒤, 대구 중학생 자살 사건이 터졌다. 그 아이는 온 국민을 슬픔에 잠기게 한 유서를 남기고 그토록 사랑했던 부모님과 형의 곁을 떠났다. 그는 왜 중학교 교사였던 어머니에게 자신의 고민을 털어놓지 못했을까. 고등학교 교사였던 아버지나, 격투기 선수였던 형에게조차 괴롭힘당하고 있다는 것을 넌지시 알리지 못했을까.

전문가들에 따르면 부모를 사랑하는 마음이 큰 아이일수록 그런 극단적인 선택을 할 가능성이 크다고 한다. 자신 때문에 부모의 마음이 아프게 되는 걸 원치 않을 만큼 사랑하기 때문에…….

꼭두각시 부모가 꼭두각시 아이를 만든다

위 사건들은 지극히 정상적이라고 여겨지던 부모가 '어느 날 갑자기' 꼭두각시 인형 같은 부모가 돼버린 사례라고 볼 수 있다.

나는 프롤로그에서 아동정신분석가 서천석의 말, "우리 사회는 부모 역할이 불가능한 사회다"라는 말을 인용했었다. 우리 사회는 왜 부모 역할을 하지 못하는 부모, 다시 말해 꼭두각시 부모들을 양산하고 있을까?

아마도 세상의 모든 부모는 자식이 안정적인 직업을 갖기를 바랄 것이다. 물론 나 역시 그러하다. 하지만 우리 사회는 살인적인 학습량을 감내하며 학창시절을 건너온 아이들이 안정적 전문직을 얻을 확률이 4%밖에 되지 않는 사회이다. 천문학적인 교육비를 투자하여 대학을 졸업한 아이들을 기다리고 있는 직업의 절반 이상이 비정규직이다. 대한민국의 부모들은 내 아이가 '88만 원 세대'가 될지 모른다는 두려움을 안은 채 살아간다. 그리고 그 두려움은 부모들을 '꼭두각시 인형'같은 부모로 만들고 있다.

투신자살했던 5학년 여학생의 부모를 다시 생각해보자. 짧막한 신문 기사는 사건 전날의 부모 모습을 이렇게 설명했다. '아버지는 다른 지역에서 회사에 다니고 있었고, 어머니는 야간 근무를 하느라 집에 오지 못했다.' 우리 사회의 많은 부모가 보이지 않는 줄에 매여서 이와 유사한 삶을 살아간다. 다른 꼭두각시 부모들처럼 아이에게 더 좋은 대학, 더 많은 공부, 더 나은 학원을 제공해주기 위해서…….

비록 대량실업과 비정규직화가 난무하지만, 그렇다 해도 오늘날 대한민국이 생존 자체가 불가능한 사회는 아니다. 우리 역사의 대부분은 '뼈 빠지게 일해도 입에 풀칠하는 것조차 힘든 사회'였다. 그러다 갑자기 경제가 급성장하고 일자리가 넘쳐나는 시대를 살게 된 지 불과 30년밖에 되지 않는다.

관점을 경제 황금기 이전 시대로 조금만 돌려보면 요즘 같은 '불확실성의 시대'에 사는 것조차 얼마나 축복받은 일인지 알게 된다. 현대인들은 중세에 온갖 호사를 누렸던 귀족에 비해서도 100배 넘는 에너지를 사용하면서 산다고 한다. 물론 수준 높은 복지정책으로 사회 안전망이 확보된 북유럽에 비하면 우리 사회는 불안정한 사회임이 틀림없으나 기본적인 의식주를 위협받지는 않는다. 어지간하면 생존이 가능한 사회인 것이다.

하지만 아이의 미래를 보장할 수 있는 사회가 아닌 것 또한 사실이다. 이런 시대에 부모의 역할은 무엇일까? 나는 탈무드의 고전적인 지혜를 떠올려 본다. "아이에게 물고기를 잡아주지 말고, 물고기 잡는 법을 가르쳐주라"는 그 말 말이다.

이 불확실성의 사회에서 '물고기 잡는 법'이란 무엇을 의미할까? 나는 그 것이 '어려움에 직면하는 능력'이라고 믿는다. 어려움이 찾아왔을 때, 그것에 직면하는 능력이 있다면 세상 풍파를 너끈히 헤쳐 나갈 수 있을 것이기 때문이다. 정신의학자들의 의견에 따르면, 대부분의 신경증과 성격 이상은 '고통을 회피하는' 성향으로 발생한다고 한다. 청소년 소설《유진과 유진》에 등장하는 작은 유진의 엄마가 바로 그런 사람이다.

《유진과 유진》에는 유치원 시절에 원장으로부터 성추행당한 기억을 잊고 사는 여중생이 나온다. 그 아이 '작은 유진'은 중학교에서 유치원 친구였던 '큰 유진'을 다시 만나면서 어렴풋이 상처의 기억을 끄집어내게 된다. 처음엔 큰 유진의 얼굴조차 기억하지 못했지만, 결국 작은 유진은 살을 도려내는 듯한 아픔을 감내하며 끔찍했던 기억을 되살려낸다.

유치원 원장의 성추행 사실을 알게 됐을 때, 작은 유진의 부모와 큰 유진의 부모는 대처 방법이 전혀 달랐다. 작은 유진의 부모는 다른 곳으로 이사하고 딸의 머릿속에서 성추행의 기억을 남김없이 지우려고 했다. 작은 유진의 엄마는 욕조에서 때밀이 수건으로 어린 살갗을 박박 문지르면서 우는 딸의 뺨을 때리며 이렇게 소리쳤다.

"넌 아무 일도 없었어. 아무 일도 없었던 거라구! 알았어?"

어린 작은 유진은 고개를 끄덕이며 엄마 품에 얼굴을 묻으려고 했지만, 엄마는 그런 딸을 떼어 놓으며 또 소리쳤다.

"앞으로 다시 그 얘기 꺼내지 마. 그럼 너 죽고, 엄마도 죽는 거야, 알았어?"

작은 유진의 엄마는 딸이 성추행당했다는 사실을 숨기면서 사는 동안 딸에게 차가운 엄마가 될 수밖에 없었다. 행여나 딸이 유치원 때의 기억에 관해 묻지 않을까 겁에 질려 있었기 때문에, 그런 걸 묻지 못하게 얼음처럼 차가운 엄마의 가면을 쓰면서 살아왔던 것이다.

큰 유진의 부모는 작은 유진의 엄마와 매우 달랐다. 성추행 사건이 터졌을 때 큰 유진의 부모는 원장의 범죄를 밝히기 위해서 끝까지 물고 늘어졌다. 또한 큰 유진에게 '사랑한다'는 말을 끝없이 하며 셀 수 없이 안아주었다. 덕분에 작은 유진이 중학교에서 다시 만났을 때 큰 유진은 성추행을 당한 아이였다고 느낄 수 없을 만큼 밝고 건강한 여중생으로 자라 있었다.

반면에 작은 유진은 자신에게 냉담하고 차가운 엄마를 새엄마라고 여길 정도로 감정이 왜곡돼 있었다. 소설은 작은 유진이 무의식에 잠재돼 있던 성추행 트라우마를 극복하기 위해 지난한 싸움을 하는 여정을 사실적으로 보여준다. 소설의 마지막 장면에서 "내 잘못도 아닌데 나한테 왜 그랬느냐"고 절규하는 작은 유진에게 엄마는 이렇게 참회한다.

"미안해, 유진야. 엄마를 용서해 줘. 널 위해서 그랬다고 생각했는데, 그건 거짓말이었어. 내 딸에게 그런 일이 일어났다는 걸 인정하고 싶지 않아서 그랬던 거야. 날 위해서였어."

참회하기 이전의 작은 유진의 엄마는 '꼭두각시 부모'에 가까웠다. 그녀는 어린 딸의 고통에 '무감했다'. 또한 원장의 성추행으로 유진의 몸과 마음에 새겨진 트라우마를 '상상하지 못했다'. 그리고 딸의 상처를 치유하기 위해서 무엇을 해야 하는가에 대해 '질문하지도 않았다'. 고통에 직면하지 못했기 때문이다.

부모는 연기자가 되어야 한다

부모는 꼭두각시가 아니라 연기자가 되어야 한다. 살아 있는 연기를 펼칠 수 있어야 하는 것이다. 질문하고 상상하고 공감하는 연기자가 되어야 한다. 특히 (소설에서처럼) 아이에게 위기가 닥쳐왔을 때 절실히 필요하다. 아이에 대해 극심한 불안이 느껴질 때에도 엄마는 '아무렇지도 않은 척' 연기할 줄 알아야 한다. 고2 딸로부터 갑자기 학교에 가기 싫다는 통보를 받은 어떤 어머니처럼 말이다. 청천벽력 같은 딸의 말을 들은 순간, 어머니는 성당에서 들은 신부님의 강의를 떠올렸다고 한다.

"사춘기 때의 방황과 일탈은 청소년의 특권입니다. 사춘기 자녀가 방황하고 고민하면 학교 가라고 종용하지 마십시오. 그저 가만히 내버려 두고 기다려주십시오."

그 말을 기억한 어머니는 딸에게 이렇게 말해주었다.

"그래. 무슨 일인지는 모르겠지만, 엄마가 기다려줄게!"

아이는 그날 조금은 편한 마음으로 학교에 가지 않았다가 저녁이 되자마자 어머니에게 다시 학교에 가겠다고 말했다. 그제야 어머니가 학교에 가기 싫은 이유를 묻자, 딸이 수줍게 웃으며 대답했다.

"2학년이 되면서 1학년 때 친했던 친구들이 다른 반으로 다 뿔뿔이 흩어졌어요. 새로운 친구를 사귀는 일도 잘 안 되고 공부도 따라가기 힘들어서 학교 가기가 싫었어요. 괜히 화가 나니까 엄마 성질 더 돋우려고 학교 안 간다고 신경질을 부렸어요. 만일 엄마가 학교 가라고 강요했더라면 더 소리 지르고 반항했을 거예요. 그런데 엄마가 나를 믿어주고 시간을 주시니까, 엄마에게 너무 미안하고 고맙고 또 행복했어요. 학교 가기 싫어하는 딸에게 시간을 줄 테니 천천히 생각해보라고 말하는 엄마가 요즘 어디 있겠어요? 나를 믿어주는 엄마를 생각해서라도 힘들지만 학교생활에 다시 적응해볼래요."

이 어머니처럼 부모는 아이에 대한 불안과 두려움 속에서도 '흔들림이 없는' 모습을 연기할 줄 알아야 한다. 꼭두각시 부모는 작은 유진의 엄마처럼 고통을 회피하려 한다. 반면에 '살아있는' 부모는 아이에게 공감하고, 어려움을 극복하기 위해 상상할 줄 안다. 또한 문제 앞에서 질문하고 또 질문하면서 기어이 해법을 찾아낸다.

우리는 매일
연기를 하며 살아간다

'자아'란 과연 무엇일까?

자아라는 것은 실체가 있는 것일까? 영적 스승들의 일관된 가르침은 "우리가 자신이라고 믿고 있는 자아는 없다"는 것이다. 정말로 자아라는 것은 '없는' 것일까? 어쨌든 자아가 고정된 실체가 아니라는 것만은 분명해 보인다. 그러니까 자아는 '딱딱하게 굳어 있는 어떤 것'이 아니다. 물이 담긴 그릇에 따라 모양이 바뀌듯이, 인간의 자아도 상황에 따라 그 모습이 바뀌지 않는가.

이를테면 어머니가 불같이 화내며 아이를 혼내던 중 아이 선생님으로부터 걸려온 전화를 받는 장면을 상상해보자. 어머니는 황급히 목소리를 누그러뜨린 채 웃음까지 지으며 선생님에게 이렇게 인사를 건넬 것이다.

"어머, 선생님 안녕하세요? 진작 한 번 찾아뵈었어야 했는데, 그러질 못했네요, 호호호."

그야말로 베테랑 배우만큼 탁월한 연기력이다! 이처럼 우리는 상대에 따라, 또 상황에 따라 제각기 다른 연기를 하며 살아가고 있다. 말마따나 즉흥연기를 하며 살고 있는 것이다.

대부분의 사람은 부모의 (즉흥)연기를 보며 자라난다. 아이는 엄마의 연기에 맞는 자아를 형성하며 살아가게 된다. 아이의 자아는 가장 '가변성'이 뛰어난 자아일 것이다. 엄마에게 존재가 부정당한 아이의 자아는 일 그러지고 왜곡된 모습으로 빚어질 것이다. 반면에 엄마에게 존재 그대로 받아들여진 아이의 자아는 언제 어디서나 존재 자체로 빛나는 아이가 될 것이다.

같은 사람, 다른 역할을 만드는 인식의 힘 지난겨울, 나는 놀라운 경험을 했다. 인생에서 드물게 맞게 되는 '존재의 빛나는 순간'을 목격한 것이다. 주인공은 내가 20년 전 결혼하던 해에 담임을 맡았던 뇌성마비 장애인 재영이었다.

재영과 나의 인연은 꽤 깊다. 중학교 2학년 때 담임을 맡았던 재영을 10년 뒤에 새로 옮긴 교회에서 다시 만났으니 말이다. 그리고 다시 10년이 지나는 동안 재영에게는 많은 사건이 있었다. 재영은 사회복지학과를 졸업한 뒤 사설 요양원 등에 취직했는데, 몇 달 다니지 못하고 그만두거나 쫓겨나곤 했다. 사실 재영에게는 '업무를 처리할 능력'이 거의 없었다. 객관적으로 판단해볼 때 재영의 자기이해능력과 감정조절능력에는 부족한 면이 많았다. 서너 차례 취직과 퇴직을 거듭하던 중 그를 한껏 추켜올려주는 요양원을 만나서 의기양양한 적도 있었다. 하지만 몇 달 뒤 요양원 대표에게 사기를 당해 큰 빚을 지는 불행한 일을 당하고 말았다. 그때 재영은 담임 목사님과 법무사인 교회 형제의 도움으로 가까스로 민형사 처벌을 면할 수 있었다.

사정이 그러했으니, 재영이 교회 청년들로부터 '성인'으로 대접받기란 쉬운 일이 아니었다. 몸 가누는 것이 어설프고 말투가 어눌한 것이 근본 이유는 아니었다. 요양원 대표에게 사기를 당한 것에서 알 수 있듯이 그의 가슴속에는 미숙함과 함께 어리석은 허영까지 겹쳐 있었다. 교회 선후배들은 재영을 무시하지는 않았지만, 재영에 대한 그들의 존중은 '애 취급'에서 그리 멀지 않았다. 다른 교인들에게도 재영은 늘상 '어른 구실을 하지 못하는 모자란 존재'로 인식되어 왔다. 그리고 그것은 어느 정도 '객관적 사실'에 가까웠다.

그런 재영에게도 자신을 유일하게 '진정한 의미에서 수용해주는 사람'이 있었다. 몇 해 전 같은 요양원에서 함께 근무했던 현선이라는 여성이었다. 재영보다 두어 살 어렸던 그녀를 나는 2년 전에 처음 보았다. 현선 씨는 예쁜 외모를 갖고 있었는데, 영혼은 외모 이상으로 아름다웠다. 그때 재영과 현선은 유기농 수제 케이크를 판매하는 사업을 계획하고 있었다. 그들은 내게 교회 성가대에 수제 케이크를 공급하게 해달라고 부탁했다. 얼마 뒤 성가대장님과 협의를 거쳐서 한 달에 한 번씩 수제 케이크를 성가대에 공급하기로 했다.

성가대 연습은 아침 열 시에 시작됐다. 그 시간까지 케이크를 제공하기 위해 재영은 새벽 여섯 시에 일어나야 했다. 현선 씨가 아침에 만들어놓은 케이크를 가지러 수원까지 가야 했기 때문이다. 그 고생길을 그가 얼마나 행복해하며 왕복했는지를 나는 잘 안다. 현선과 함께하는 일이라면 무엇이든 재영에게 행복이고 축복이었을 터였다.

그러나 일 년여 뒤 두 사람은 수제 케이크 사업을 접었다. 소꿉장난에 가까웠던 그들의 케이크 판매 사업은 사업이랄 것도 없이 끝나고 말았고, 두 사람의 관계도 자연스럽게 멀어졌다. 그 후에도 그녀는 재영이 힘들어 할 때마다 위로해주는 치유자 역할을 계속했다.

그러던 중 현선 씨가 건강이 나빠져서 고향으로 내려가 요양을 하게 되었다. 몇 달 뒤에는 재영도 감정 조절 능력이 떨어져서 병원에 입원하여 치료를 받은 뒤 퇴원했다.

나는 퇴원한 재영과 건강을 회복하고 돌아온 현선을 불러서 저녁을 먹었다. 그날 내가 본 재영의 모습은 평소와 전혀 다른 것이었다. 현선은 재영을 부를 때마다 '재영 선생님'이라는 정이 듬뿍 담긴 호칭을 사용했다. 그는 현선으로부터 진심 어린 '어른 대접'을 받았는데, 그러자 진짜 어른스럽게 행동하는 모습을 보여주었다. 저녁을 먹고 커피를 마시는 내내 재영은 배려와 유머까지 갖춘 '멋진 남자'였다.

저녁을 맛있게 먹으며 대화를 나누다가 내가 재영의 담임을 했을 때의 이야기가 나왔다.

"그때 우리 반에 재영이 도우미 두 명이 있었어요. 재영아, 호준이하고 승범이었지? 도우미의 역할은 반에서 재영이를 괴롭히거나 때리는 아이가 있으면 나한테 신고하는 거였죠."

현선이 안타까운 표정으로 재영을 보며 말했다.

"아아, 선생님, 그때 정말 힘드셨겠어요?"

재영이 대수롭지 않다는 표정으로 대답했다.

"뭐, 좀 힘들었지……. 근데 선생님이 기합을 많이 주셔서 그게 더 힘들었어."

짓궂게 웃는 재영을 보며 내가 말했다.

"그땐 내가 정말 기합을 많이 줬지. 그게 너희를 사랑하는 거라고 생각했으니까. 그런데 재영이도 피해자이기만 한 건 아니었어요. 한 번은 국어 선생님이 화가 난 얼굴로 재영이를 데리고 와서 말하더라고요. '선생님, 얘 아주 나쁜 애예요. 크게 혼내주세요.' 알고 봤더니 재영이가 반에서 제일 착한 애였던 짝한테 '선생님한테 네가 괴롭혔다고 신고하겠다'는 협박으로 걔를 못살게 굴었던 거예요. 재영이가 그런 적도 있었다니까요."

현선이 놀란 얼굴로 재영에게 물었다.

"어머, 재영 선생님이 정말 그랬어요?"

재영은 당황하면서도 너스레를 떨었다.

"아니야, 현선아. 난 그랬던 기억이 안 나. 선생님, 전 진짜 기억이 안 납니다."

"호호, 기억이 안 나시는구나."

현선과 나는 재영의 능청스런 연기에 웃음을 터뜨릴 수밖에 없었다. 현선은 재영이 무슨 말을 하더라도 공감해주고 동의하면서 대화를 나눴다. 그녀는 재영의 말을 한 번도 무시하거나 웃어넘기지 않았다. 순수한 눈망울로 재영의 말을 경청하면서 진지하게 고개를 끄덕여주곤 했다. 나는 현선이 재영의 감정을 온전히 수용해주고 있다는 것을 느낄 수 있었다. 그녀 곁에 있을 때 재영의 얼굴은 사랑과 행복으로 빛났다. 재영이 쓴웃음을 지으며 내게 말했다.

"선생님, 그때 성철이랑 종호가 선생님 모르게 저 많이 때렸어요."

"그랬냐? 그럼 호준이랑 승범이가 나한테 말을 안 한 거네?"

"선생님은 믿는 도끼에 발등 찍히셨던 거예요, 하하."

재영은 달관한 듯한 웃음을 지었다. 나는 '재영에게 이런 면이 있었나' 하며 계속 놀라고 있었다.

저녁을 먹은 후 식당을 나올 때 재미있는 일이 벌어졌다. 내가 가방을 집어 들고 카운터로 가서 계산을 할 때였다.

"선생님, 가방 주세요. 제가 갖고 갈게요."

재영의 말에, 종업원에게 체크카드를 건네면서 내가 말했다.

"괜찮아, 재영아. 내가 들고 갈게."

그리고 가방을 어깨에 둘러메려는데 재영이 가방 줄을 잡아당기며 말했다.

"선생님, 가방 주세요. 제 가방이에요."

그제야 나는 내가 가방을 갖고 오지 않았음을 깨달았다.

"네 가방이었냐? 내 거랑 색깔이 비슷해서 헷갈렸다, 야. 하하하."

우리 세 사람은 배꼽을 잡고 웃어댔다.

커피숍에서도 재영은 자신이 겪은 일과 느낀 감정을 솔직하고 재미있게 표현했다. 그곳에서도 현선은 재영의 마음속에 감춰져 있던 '존재의 빛'이 드러나게끔 해주고 있었다.

커피를 마시고 전철역으로 향하며 내가 현선에게 말했다.

"벌써 시간이 이렇게 됐네요. 수원까지 가려면 시간이 오래 걸릴 텐데, 현선 씨 힘들겠어요."

현선이 괜찮다고 말하자 재영이 그녀에게 말했다.

"현선아, 내가 데려다줄까? 난 남는 게 시간밖에 없잖아."

"아니에요, 선생님. 너무 힘드셔서 안 돼요."

현선의 얼굴에서 부담스러워하는 빛을 본 재영이 짐짓 정색하며 말했다.

"야, 농담이야. 내가 어떻게 수원까지 갔다 오냐? 나도 내일 출근해야지, 하하."

전철역에서 두 사람과 나는 헤어졌다.

**아이의 반응은
엄마 연기에 대한 리액션**

현선 씨와 함께했던 두어 시간은 내게 큰 깨달음을 안겨줬다. 현선 씨는 사회적으로 요구되는 역할을 기대하지 않고 재영을 있는 그대로 수용해줬다. 그러자 재영은 한 사람의 성인으로서 상대를 존중하고 배려할 줄 아는 '멋진 남자'가 되었다. 현선과 함께 있는 동안 그는 존재 자체로 빛나고 있었다. 그날 현선 씨는 '대화'가 얼마나 아름다울 수 있는지를 보여주었다. 그녀는 재영의 모든 말을 온몸으로 경청해서 들었으며, 고개를 끄덕이거나 다정하게 동의하는 말로 수용했다.

그 만남 뒤에 나는 재영을 '다시 보게' 되었다. 그동안 내가 생각했던 것보다 그가 훨씬 멋진 남자일 거라는 생각이 들었다. 재영과 대화할 때 나는 전보다 더 그의 말에 동의를 표하고 그의 감정을 존중하게 되었다. 현선이 그랬듯 존재 자체로 받아들여질 때 그는 충분히 사랑과 행복으로 빛날 수 있는 존재이기 때문이었다. 어쩌면 현선은 재영에게 진정한 '엄마 역할'을 해준 것인지도 몰랐다.

재영은 '인생이 즉흥연기'라는 걸 극명하게 보여주었다. 자신의 감정을 부정하고 자신을 무시하는 사람에게는 찌그러진 자아의 모습을 보여주었다. 반면에, 자신에게 진정으로 엄마 역할을 해준 현선에게는 자상한 남자의 모습을 멋지게 보였다. 상대에 따라 가변적인 연기를 보인다는 점에서 우리도 재영과 다르지 않다.

이렇듯 상대에 따라서 연기가 달라지는 것은 우리의 인생에 대본이 없기 때문일 것이다. 그렇기에 우리는 즉흥적으로 연기를 하며 살아가게 된다. 아이는 더더욱 그렇다. 아이의 연기는 전적으로 엄마의 연기에 대한 리액션이라고 볼 수 있다. 의도치 않았던 아이의 리액션에 당황한 어느 어머니의 이야기를 들어보자.

기말고사가 끝나고 열흘이 지난 어느 날이었다. 어머니는 학교에 다녀온 중학생 딸에게 전화로 "성적표 받아왔느냐?"고 물었다. 딸의 대답은 "아니오"였다. 딸의 표정과 목소리가 아무래도 이상했던 어머니는 딸 친구의 집에 전화해서 사실을 확인해보았다. 딸 친구로부터 "성적표를 받았다"는 대답을 들은 그녀는 딸이 집으로 들어오기만을 벼르고 별렀다.

'집에 들어오기만 해봐. 가만두지 않을 거야.'

그때 아이가 들어왔는데, 마침 옆집 아줌마가 외출하면서 애완견을 맡겼다. 평소 예뻐하던 강아지였던지라 어머니는 녀석을 데리고 놀다가 성적표 사건을 잊어버리고 말았다. 그렇게 시간을 보내다가 저녁 시간이 되어 부지런히 저녁상을 차렸다. 밥을 먹으려는데 딸이 엄마에게 이런 말을 했다고 한다.

"엄마가 화낼 줄 알았는데 그냥 넘어가 줘서 고마워요. 집에 들어오는데 친구가 문자로 '너희 엄마한테 전화 왔는데 너 죽을 각오해' 그랬거든요."

어머니는 강아지 때문에 야단치는 걸 깜빡한 것이었는데, 아이는 정말로 진지하게 반성하고 있었던 것이다.

"엄마, 저 열심히 노력할게요. 꼭 지켜봐주세요."

딸의 진심 어린 반성의 말을 듣는 순간, 어머니는 아이를 어떻게 대해야 하는지에 대해 많은 것을 깨달았다고 한다. 이 일화는 아이의 (즉흥)연기가 모두 엄마의 연기에 대한 리액션이라는 사실을 보여준다.

그 어머니는 옆집에서 맡긴 강아지 덕분에 아이를 혼내며 아이의 감정을 짓밟지 '못하게' 되었다. 아이는 어머니가 자신의 거짓말을 용서하고 포용해준 것이라 해석하고 뼛속 깊은 반성의 모습을 보여주었다. 의도한 것은 아니었으나, 아름다운 장면임은 틀림없다. 이렇듯 어머니와 아이가 아름다운 장면을 연출하기 위해서는, 어머니 마음속에 언제든 데리고 놀 수 있는 '강아지'가 필요하다. 그 강아지는 '여유'라는 이름의 강아지일 것이다.

엄마도 너희 엄마하기
너무 힘들어!

1980년대에 미국의 프린스턴 대학교 신학생들을 대상으로 '나쁜 사마리아인 실험'이라는 것이 실시되었다. 실험은 신학생들에게 연구 과제를 주고 근처의 건물로 이동시킨 후, 좁은 골목길에서 조난자를 만나게 하는 것이었다. 조난자는 심각한 부상을 당한 것처럼 연기하는 배우였다. 성서의 '선한 사마리아인'처럼 그를 부축하여 안전한 곳으로 옮겨준 신학생은 얼마나 됐을까?

실험 결과는 그들의 신앙심이나 인격과 거의 관계가 없었다고 한다. '다른 사람을 도우려는 마음'에 영향을 미친 유일한 조건은 '여유'였다. 연구자들은 두 부류의 실험군에게 서로 다른 명령을 내렸다. 첫 번째 실험군에게는 "너무 늦었다. 사람들이 발표를 기다리고 있으니까 빨리 가라"고 했고, 두 번째 실험군에게는 "당신은 일찍 와서 여유가 많으니 천천히 가라"고 했다. 첫 번째 실험군에 속한 신학생들은 대부분 조난자를 지나쳤지만,

두 번째 실험군에 속한 신학생들은 조난자를 많이 도왔다.

나쁜 사마리아인 실험은 "과연 인간의 행동을 결정하는 것은 무엇인가?"라는 물음에 하나의 답을 제시해준다. 인간을 움직이는 것은 인격이나 심성이 아니라 상황과 조건이라는 것이다. 이 실험을 바탕으로 우리는 아이에 대해 이런 결론을 유추할 수 있다.

"내 아이가 나쁜 사마리아인처럼 행동하고 있다면, 그것은 '심리적으로 쫓기고 있는 상황'에 처했기 때문이다."

사정이 이러하니 "넌 왜 그렇게 행동하니?"라고 아이를 탓할 문제가 아니다. 아이가 처한 상황과 조건을 바꿔주는 게 먼저다. 신학생들조차 심리적 여유에 따라 나쁜 사마리아인이 되거나 선한 사마리아인이 되었다. 심지어 어떤 신학생은 다 죽어가는 조난자를 외면하고 지나쳐 간 뒤, 강의실에서 '선한 사마리아인'에 대해 열변을 토하며 설교했다고 한다.

'심리적으로 쫓기고 있는 상황'이라는 말만큼 우리나라의 십대를 적확히 표현하는 말은 없을 것 같다. '공부' '성적' '숙제' '시험' '장래' '직업' 이런 것들로 인해 대한민국의 무수한 엄마와 아이들은 오늘도 '치열한 전투'를 벌이고 있다. 이렇게 심리적으로 쫓기며 사는 사람들의 감정 상태는 '고속 추격 중인 경찰의 감정 상태'와 매우 유사할 것 같다.

미국은 인종 갈등 등으로 수차례 폭동을 겪은 뒤 경찰의 고속 추격을 금지하는 법안을 통과시켰다. 폭동의 원인이 되었던 용의자에 대한 경찰의 폭력 행위가 모두 고속 추격 후에 발생한 것이었기 때문이다. 경찰의 폭행은 고속 추격을 하는 과정에서 심장박동 수가 급격히 올라간 것과 관련이 깊었다. 인간은 심박 수가 145를 넘어가면 긴장도가 너무 높아져서 육체와 정신의 통제가 어려워진다고 한다. 거기서 더 올라가 175를 넘기면 인식 작용 자체가 거의 붕괴된다고 한다.

심리학자들은 그런 상태를 '감정적 홍수 상태'라고 표현한다. 가정에서도 마찬가지이다. 엄마가 감정적 홍수 상태에 빠지면 아이에게 엄마 역할을 하는 게 불가능해진다.

엄마에게 '연기적 자아'가 필요한 순간

나는 1년여 동안 모 생협 회원들이기도 한 엄마들과 함께 독서토론을 하고 있다. 그날도 여덟 명의 회원들이 두 시간째 열띤 토론을 나누고 있었다. 모임이 끝날 즈음 초등학교 4학년과 2학년 형제를 둔 서지혜 회원이 조심스럽게 입을 열었다.

"마칠 시간이 지나긴 했지만……, 제가 고민을 좀 나누고 싶어서요."

회원들이 호기심 깃든 시선으로 지혜 씨를 쳐다보았다. 지혜 씨가 평소보다 빠른 속도로 말을 이었다.

"큰아들은 내성적이어서 친구 사귀는 일에 조금 어려움을 겪고 있어요. 둘째는 형과 달리 외향적인 성격이어서 친구 관계가 좋고요. 그래서 제가 둘째를 방치한 면이 있었어요."

지혜 씨는 가슴에서 뭔가 복받쳐 올라오는지 잠시 말을 끊었다가 다시 이었다.

"큰애가 자신보다 뛰어난 동생에 대한 피해의식이 좀 있어요. '동생이 없었으면 좋겠다'는 말을 가끔 하기도 했고요. 그런데 요즘엔 동생이 형을 닮아가는 모습을 보이더라고요. 며칠 전에 둘이 심하게 충돌을 했어요. 그때 제가 애들한테 말했어요. '너희에게 엄마 노릇 하는 게 너무 힘들다. 나도 엄마를 처음 하는 거라서 어떻게 해야 할지 모르겠다'고요. 그러면서 셋이서 울음바다가 됐어요, 흐윽……. 애들한테 그런 말을 했던 게 계속 걱정돼요."

지혜 씨의 갑작스러운 눈물에 회원들은 잠시 어리둥절했다. 모임의 리더 격이었던 나는 더욱 당황하여 아무 말도 하지 못하고 있었다. 그러나 우리에게는 정유진 회원이 있었다. 항상 재기 넘치는 유진 씨가 곧 입을 열었다.

"아이들이 너무 어린 상태에서 그런 말을 들었다는 게 조금 걱정되네요. 6학년 정도는 됐을 때 들음 직한 말이었다는 생각도 들고요. 3년 전에 제 딸 담임 선생님한테 들은 말인데요. '엄마는 연기자가 될 줄 알아야 한다'고 하셨어요. 힘든데도 힘들지 않은 척, 싫으면서도 좋은 척 연기할 줄 알아야 한다고요."

3년 전 유진 씨 딸의 담임 선생님은 다름 아닌 내 아내였다. 유진 씨의 말에 힘을 받아서 내가 지혜 씨에게 말했다.

"그런 걸 '연기적 자아'라고 표현해요. 《공감의 시대》라는 책에 연기적 자아를 갖고 손님을 대하는 스튜어디스의 이야기가 나와요. 스튜어디스는 손님들에게 항상 웃는 얼굴을 보여야 하잖아요. 그래서 어떤 스튜어디스는 승객에게 기분 좋은 표정을 짓기 전에 먼저 좋았던 과거의 경험을 떠올린대요. 그렇게 기분이 들뜬 척을 하면 정말로 들뜨게 된다는 거예요. 그 표정을 본 승객들은 기분이 좋아져서 스튜어디스에게 더 친절하게 대하게 되고요. 또 술을 너무 많이 마시는 승객을 보면 애써 고소공포증이 있을 거라고 믿는대요. 몰상식한 승객을 대할 때는 '이 사람은 어린아이야'라고 자기최면을 걸고요. 그러면 그 사람이 소리를 지르고 행패를 부려도 화나지 않는다고 해요. 어린아이일 뿐이니까요."

그랬다. 그날의 상황은 지혜 씨에게 '연기적 자아'가 필요한 순간이었다. 아이와 소통하면서 엄마가 감정적 홍수 상태에 빠지면 엄마 역할을 제대로 수행하기가 어렵다. 하지만 지혜 씨의 '감정을 쏟아버린 연기'에는 장점도 있었다. 내가 지혜 씨에게 말했다.

"우리가 다른 사람들에게 가장 깊은 공감을 받을 때는 자신의 취약성을 드러낼 때라고 해요. 엄마가 취약성을 보여주었을 때, 아이들이 엄마에게 공감하는 모습을 보여주지 않았나요?"

지혜 씨가 눈물을 글썽이며 대답했다.

"그때 작은 애는 물을 떠다 주었고, 큰애는 '누구나 부모는 처음 하는 거 아니냐'며 나를 위로해줬어요."

이런 연기는 한두 번으로 족하다. 세 번 이상 이런 연기를 반복하면 아이들과의 관계가 손상될 위험성이 높다. 아이들이 '우리 엄마는 신뢰할 만하지 못하다'는 느낌을 받을 수 있기 때문이다.

아이의 감정을 받아들여주는 연기 아들이 중학교 2학년 때 학원에 가지 않고 자고 있던 날, 아내는 참 놀라운 연기를 보여주었다. 그날 퇴근하고 집으로 돌아와 보니, 준이가 제 방에서 늘어지게 자고 있었다고 한다. 그 모습을 본 순간 '학원비 아깝게 왜 저러고 있나' 하는 생각이 들었지만, 아내는 이내 다정한 얼굴로 잠에서 깬 아들에게 이렇게 물었다.

"준이야, 푹 잤니?"

아들이 당황한 얼굴로 되물었다.

"엄마, 나 학원 못 간 거야?"

아내가 푸근한 미소를 지으며 말했다.

"푹 쉬었으면 됐어. 어떻게 매일 열심히 사는 날만 있겠니?"

그 말을 들은 아들이 감동에 젖은 얼굴로 이렇게 말했다고 한다.

"아, 엄마 아들로 태어나서 너무 좋다."

그날 밤 아들은 밤늦게까지 밀린 학원공부를 다 하고 잠자리에 들어서 다시 한 번 엄마를 흡족하게 했다.

분명 아내는 학원에 가지 않고 잠이 든 아들의 행동에 화가 났었다. 하지만 아내는 아들의 '행동'이 아니라 아들의 '감정'에 주목했다. 그리고 학교와 학원 공부에 지치고 피곤했던 아들의 '감정'을 일단 존중하는 연기를 했다. 전략적 연기였으며, 작전상 수용이었다. 그렇다. 전략적 연기여도 괜찮고 작전상 수용이어도 괜찮다. 일단 아이의 감정을 받아들여 주는 것이 중요하기 때문이다.

아이가 부모에게 간절히 하고 싶지만 자존심 때문에 못한다는 그 말, "내가 무슨 짓을 하더라도 제발 내 편이 되어줘요"를 기억하자. 그럴 때 아이는 자신의 행동을 편들어 달라고 하는 것이 아니라, 자신의 감정을 편들어 달라고 하는 것이다. 다음 문장을 다시 한 번 마음에 새기자.

"아이의 행동에는 잘못이 있지만, 아이의 감정에는 잘못이 없다."

엄마의 여백 연기는 가족의 녹색 댐   산림학자들에 따르면 숲 생태계를 살아 있게 만드는 것은 우리 눈에 보이지 않는 미생물들이라고 한다.

숲 에너지의 99% 이상은 가지 끝의 이파리들이 생산한다. 광합성을 마치고 땅에 떨어진 이파리들을 미생물들이 재빨리 분해하여 나무에 다시 영양분으로 공급해주므로 산림 생태계가 유지된다는 것이다.

더 놀라운 사실은 미생물들이 유기물을 먹고 내보낸 분자 크기의 물질이 흙 알갱이들을 모아 '떼알'을 만들어낸다는 것이다. 이 굵어진 떼알과 떼알들 사이에 '틈'이 생겨나는데, 그 틈은 영양소와 물이 들어갈 수 있는 공간이 된다.

서울대 이도원 교수는 "숲의 생명은 오직 틈 속에 깃든다"고 표현한다. 떼알들 사이의 틈은 미생물과 작은 동물들의 서식지가 될 뿐만 아니라 많은 물을 흙 속에 저장할 수 있게 한다. 그래서 비가 내려도 갑자기 하류로 흘러드는 양이 적고 홍수를 줄일 수 있는 것이다. 숲을 '녹색 댐'이라고 부를 수 있는 것은 바로 그 '틈' 때문이다.

엄마의 마음속에도 아이의 감정이 들어와 쉴 수 있는 '틈'이 필요하다. 아이의 행동이 이해되지 않을 때조차도 일단 아이의 감정은 수용해주는 '연기' 말이다. '여백'이 있는 엄마의 연기는 가정의 '녹색 댐'이다.

PART 2

엄마 역할을 '연기'하면
부모 노릇이 쉬워진다

가족 막장 드라마를
가족 성장 드라마로!

다음은 내가 최근 경험한 우리나라 가정의 '막장 드라마'적 장면들이다.

첫 번째 장면은 지난해 여름 방학 때 겪었던 일이다. 아파트를 나서다 1층 베란다에서 어느 어머니와 아들이 싸우는 소리를 들었다. 어머니가 아들을 혼내자, 아들이 이렇게 말하며 대들었다.

"학원에서 공부하고 왔잖아! 그런데 왜 지랄이야?"

아들이 어머니에게 "지랄"이라고 욕을 하는 건 우리 세대에겐 참 낯선 일이다. 그런데 오늘의 청소년들에겐 그리 드문 일이 아닌 것 같다. 큰길로 걸어가는 동안에도 어머니와 아들은 서로에게 소리를 지르며 계속 싸우고 있었다.

두 번째 장면은 그 얼마 뒤, 우리 반 민정에게 전해 들은 것이다. 민정은 2년 전에 담임을 맡았던 민우의 여동생이었다. 민정은 오빠를 무척 싫어했는데, 그 이유가 어머니에게 욕을 하기 때문이었다. 민우는 2학년 때 반에서 회장을 할 만큼 친구들에게 신임을 받던 아이였다. 성적은 평범했지만 밝고 성실한 성격 때문에 급우들로부터 꽤 인기가 높았다. 그 민우가 어머니에게 욕을 한다니 믿어지지 않았다. 일주일 전, 수련회를 갔던 민우는 친구의 잘못으로 핸드폰을 고장 냈다. 핸드폰을 빌려간 친구가 바다에 빠트렸던 것이다. 집에 돌아와 어머니에게 혼날 때 민우는 이렇게 소리를 질렀다고 한다.

"야! 야! 닥치라고!"

위의 어머니들에게 "아이에게 왜 그러셨냐"고 묻는다면, 어떤 답이 돌아올지 나는 잘 알고 있다. 틀림없이 "아이를 사랑하기 때문에, 아이를 잘 되게 하려고 그랬다"는 대답이 돌아올 것이다. 하지만 이렇게 잔소리하는 방식으로 아이와 소통하면, 엄마가 아이를 사랑할수록 아이는 점점 고통스러워지게 된다.

두 어머니는 지금 엄마의 배역을 하고 있는 게 아닌 듯하다. '친구보다 미숙한 어떤 가족'을 연기하고 있는 건지도 모르겠다. 문제는 두 막장의 장면이 우리나라 평범한 가정의 흔한 일상이라는 것이다.

모든 드라마는 결국 성장 드라마이다

막장 드라마는 '인간다움'을 잃어버린 배역들이 그 바닥까지 내려가는 모습을 보여주는 드라마다. 막장 드라마들이 시청률의 선두를 달리고, 연말 시상식에서 상을 휩쓸 정도로 우리 사회는 막장에 열광하고 있거나 중독되어 있다. 흔히 막장 드라마는 '욕하면서 보는 드라마'라고 한다. 우리 사회는 아마도 막장 드라마를 '증오하면서 사랑하고' 있는 건지도 모르겠다. 왜 이런 현상이 나타나는 걸까? 우리가 부모 역할과 가족 역할을 제대로 할 수 없을 정도로 피폐해진 사회에서 살고 있기 때문이 아닐까. 사회의 구성원들이 만들어 가는 인생 드라마가 텔레비전에서 방영되고 있는 막장 드라마와 거의 다르지 않기 때문에. 위의 두 가족의 모습처럼 말이다.

우리는 평탄한 삶을 살던 주인공이 한순간의 잘못이나 사소한 실수로 비극으로 치닫는 영화나 소설을 많이 알고 있다. 그 이야기들은 "평범한 인생도 자칫 잘못하면 한순간에 막장 드라마가 될 수 있다"는 메시지를 던진다.

우리는 인생을 막장 드라마가 아니라 '웰메이드 드라마'로 만들어 가야 한다. 인간다움을 상실한 배역들이 판을 치게 내버려둬서는 안 된다. 인간다움을 잃지 않는 배역이 되어 인생을 살아가야 한다. 세상의 황폐함 속에서 인간다움을 잠시 잃을지라도, 있는 힘을 다해 다시 인간다움의 길을 걸어가는 주인공이 되어야 하는 것이다.

평론가들은 좋은 이야기, 훌륭한 작품에는 '두 개의 다리'가 나온다고 말한다. '불타는 다리'라고도 일컬어지는 첫 번째 다리는 한번 건너면 다시 이전으로 돌아갈 수 없는 다리이다. 좋은 작품에는 반드시 '불타는 다리'를 건너는 주인공이 나온다.

두 번째 다리는 첫 번째 다리를 건넌 주인공이 무수한 시험과 난관을 극복함으로써 건너게 되는 다리이다. 두 번째 다리는 '건너느냐, 건너지 못하느냐' 보다 그 다리를 향해 가는 과정이 더 중요하다. 다리를 건너면 해피엔딩이 되고 건너지 못하면 새드엔딩이 되겠지만, 그런 것들은 그리 중요치 않다. 주인공은 이미 두 번째 다리를 향해 가는 과정에서 '이전의 그가 아닌 존재', 곧 성장한 존재가 되었기 때문이다.

인생 드라마도 마찬가지이다. 특히 부모는 인생에서 한 번은 불타는 다리를 건너야 한다. 부모에게 그런 시기는 '아이가 사춘기가 된 시점'이다. 이때 엄마에게 가장 필요한 것은 '어려움에 직면하는 용기'이다. 한 번도 해보지 못했던 새로운 배역을 맡아야 하기 때문이다. 막막함과 두려움 속에서 엄마는 이전과는 '다른 배역', 곧 '다른 현실'로 진입해야 한다. 어쩌면 이전으로 결코 되돌릴 수 없는 그런 현실로 말이다.

세상은 첫 번째 다리를 건넌 사람들에게 이렇게 말한다. "당신이 두 번째 다리를 건너면 성공한 것이고, 건너지 못하면 실패한 것이다"라고. 그런 말에 속지 말자. 그 말에 속으면 절대로 불타는 다리를 건널 수 없다. 우리 인생 드라마에서는 첫 번째 다리를 건넌 후 두 번째 다리를 향해 걸어가는 과정이 핵심이자 생명이기 때문이다. 그 과정 자체가 곧 성장이고 승리이다. 그래서 모든 웰메이드 드라마는 성장 드라마이고, 우리 인생도 성장 드라마가 되어야 한다.

드라마에서처럼 인생에서도 비극은 괜찮다. 하지만 막장은 괜찮지 않다. 비극이 훌륭한 드라마가 될 수 있는 것처럼 비극적 인생도 훌륭한 인생일 수 있으나, 막장은 도무지 훌륭해지려야 훌륭할 수가 없기 때문이다.

콩쥐 엄마, 불타는 다리를 건너다 고금의 영적 스승들은 인간이 고통을 겪게 되는 이유를 이렇게 설명한다.

"인간의 모든 불행은 자신의 생각을 현실로 착각하기 때문에 일어난다."

덧붙여서 이렇게 말하고 싶다.

"우리가 고통받는 것은 자신이 생각하고 있는 것이 '유일한' 현실이라고 착각하기 때문이다."

막장 드라마 속 엄마들은 자신이 생각하고 있는 것이 '유일한 현실'이라고 믿는다. 그들처럼 다른 현실을 상상하지 못하는 어머니들은 하나의 현실에 갇힌 채 아이와 함께 고통의 드라마를 만들어가게 된다.

연기자 엄마는 다른 배역을 상상할 수 있는 엄마이다. 다른 배역을 상상할 수 있다는 것은 다른 현실을 상상할 수 있으며, 또 만들어낼 수 있다는 것이다. 나는 이것을 '콩쥐 엄마 프로젝트'라고 부르고 싶다. 앞서 소개했던 부모독서토론 멤버 중 한 명이었던 정유진 회원이 그 프로젝트를 실천한 엄마였다.

10회 차 독서토론 모임이었던 것으로 기억된다. 모임이 끝날 무렵 정유진 회원이 엷은 미소를 지으며 말했다.

"제가 사실 오늘 다른 약속이 있었는데, 꼭 하고 싶은 이야기가 있어서 그걸 접고 참석했어요."

앞 장에서 "엄마는 연기를 할 줄 알아야 한다"는 아내의 말을 전해주었던 그 어머니다. 6학년 때 아내가 담임을 맡았던 첫 딸 하연은 어느덧 중학교 2학년에 올라가 있었다. 그날 유진 씨의 얼굴은 비 온 뒤 갠 하늘처럼 맑았다.

"그동안 하연이가 시험을 볼 때마다 불안감이 너무 심했어요. 1학년 때까지는 시험 보기 1주일 전부터 불안해서 울곤 했어요. 2학년이 되어서는 그런 증상이 더 심해지더라고요. 이번 기말고사 때는 2주일 전부터 나를 잡고 우는 거예요. 하루에 두세 번씩 전화해서 '엄마, 나 죽고 싶어'라거나

'엄마, 이번엔 빵점 맞을 거 같아'라면서 불안에 떨더라고요. 그럴 때마다 '괜찮아. 시험 망치지 않을 거야. 걱정하지 마'라고 달래줄 수밖에 없었어요. 2주 내내 그렇게 딸을 진정시켜 주다 보니 내가 너무 괴롭고 힘들어서 죽겠더라고요."

나는 유진 씨의 말이 과거형이었기에 담담히 들을 수 있었다. 그러나 사실 그녀가 들려준 이야기는 막장에 가까운 장면이었다. 지금은 많이 달라졌지만, 유진 씨는 딸의 공부를 많이 '통제하는' 엄마였다. 성적이 안 나온다고 딸을 때리기도 했으며, 그게 안 통하자 딸 앞에서 자신의 몸을 때리기도 했다. 그러다 하연이 초등학교 3학년 때 가출하자 정신을 번쩍 차린 경험이 있었다.

"그렇게 겨우겨우 기말고사를 보게 됐어요. 첫날 수학시험을 보는데 손이 떨리다가 움직여지지 않는 증상이 나타난 거예요. 놀란 하연이가 움직여지지 않는 손으로 계속 힘을 쓰다가 결국 쓰러지고 말았어요. 그때 다행히 시험감독을 하던 어머니가 보건실로 데리고 가서 진정시켜준 덕분에 수학문제를 다 풀기는 했어요."

하연의 어머니가 머리를 한 번 넘긴 뒤에 말을 이었다.

"그런 일을 겪고 나니까 '이러다가 하연이가 고등학생이 되면 떨어지겠구나' 하는 생각이 들면서 정신이 번쩍 났어요. 특목고고 뭐고 애를 살리는 게 먼저라는 생각이 들었어요. 그래서 이번에도 당장 상담실로 딸을 데리고 갔어요."

하연의 어머니는 아이를 상담실로 데리고 감으로써 '불타는 다리'를 건넌 셈이었다. 상담 선생님은 "하연이가 그러다 칼 같은 거로 팔을 긋는 단계까지 갔을 텐데, 그전에 온 게 참 다행이다"라고 말했다고 한다.

"두 번째 상담했을 때, 선생님이 '하연이가 엄마가 안아주는 걸 너무 행복해한다'며 계속 안아주라고 하셨어요. 딸에게 직접 들은 게 아니라 제삼자에게 그런 말을 들으니까 마음이 짠해지더라고요."

그때 독서토론 멤버들은 이전 모임에서 한 가지 실천약속(아이를 하루에 세 번 안아주기)을 정했었다. 유진 씨도 다른 회원들처럼 '아이 3번 안아주기'를 성실히 실천하고 있었던 모양이었다. 정유진 회원이 담담하게 말을 이어갔다.

"처음에 상담 선생님이 저한테 '하연이 성적이 어느 정도까지 떨어져도 감수하실 거냐'고 묻더라고요. 그래서 애가 죽게 생겼는데 그게 문제냐고 했죠. 그러니까 선생님이 '처음엔 성적이 떨어지겠지만 부모가 믿고 기다려주면 그게 밑거름이 돼서 다시 회복하게 된다'고 하시더라고요.

선생님이 하연이에게는 고무밴드를 주면서 스트레스 받을 때마다 튕기라고 했어요. 아이들이 칼로 손목을 살짝 긋는 행동을 하는 건 그 순간 시원한 느낌이 들기 때문이래요. 그런 행동이 더 심해지면 손목까지 끊게 되는 거고요. 부정적인 감정이 올라올 때마다, 고무줄로 손목을 튕겨 주라고 하시더라고요. 그러면 시원하게 터지는 느낌이 들면서 부정적인 감정이 어느 정도 해소된대요."

상담 선생님은 하연에게 마음에 드는 인형을 하나 고르게 한 뒤 아바타로 삼으라고도 했다. 매일 밤 그 인형에게 자신이 듣고 싶은 말("너는 지금 잘하고 있어")을 들려주라는 것이었다. 그렇게 꾸준히 상담받으면서 하연은 마음의 힘을 많이 되찾은 듯했다. 유진 씨가 환한 미소를 지으며 말했다.

"2학기 중간고사가 다음 주 화요일부터 시작인데, 하연이가 한 번도 울지 않았어요. 요즘엔 딸이 밤늦게 공부하면 제가 빨리 자라고 말해줘요.

딸의 상담과 우리 모임의 '실천하기' 잘 맞물렸던 것 같아요. '하루 세 번 안 아주기'가 딸이 회복되는 데 큰 역할을 해줬어요. 그리고 그때 잘 결단했던 나 자신도 칭찬해주고 싶어요."

유진 씨의 얼굴은 스스로 대견해 하는 웃음으로 가득 차 있었다. 내가 흐뭇한 미소를 지으며 말했다.

"정유진 회원님의 말을 들으면서 제가 소름이 돋았어요. 그런 결단을 했다는 것, 또 이 자리에서 용기 있게 고백해준 것에 대해 박수를 보내고 싶네요."

서지혜 회원이 감동한 얼굴로 말했다.

"저도 소름이 느껴졌어요. 정말 대단한 일인 것 같아요."

우리는 모두 하연의 어머니에게 잔잔한 감동의 박수를 보냈다. 그녀는 고통스러운 현실에 용기 있게 직면했기에 문제를 해결할 수 있었다. 무엇보다도 고무적이었던 일은, 유진 씨가 '딸에게 연기를 하기 시작했다'는 것이었다. 밤늦게까지 공부하는 딸을 보고 속으로는 '힘들어도 조금 더 공부해줬으면' 하는 생각이 들었을 것이다. 그럼에도 그녀는 딸에게 "너무 늦었으니까 공부 그만하고 빨리 자"라는 놀라운 대사를 해주었던 것이다. 이는 유진 씨가 '새로운 배역'으로 엄마 역할을 바꿨다는 것을 의미했다. '콩쥐 엄마 프로젝트'가 시작된 것이었다. 그러자 새로운 현실이 창조되었다. 하연이 불안증을 극복하고 '울지 않으면서' 시험공부를 할 수 있게 되었다. 가족 막장 드라마가 가족 성장 드라마로 바뀌고 있었다.

아이를 품기 위한
엄마의 용기가 필요한 순간

　정유진 회원에게 박수를 보낸 뒤, 회원들의 대화가 이어졌다. 김지현 회원이 고개를 끄덕이며 말했다.

　"어렸을 적 공부를 제법 잘했던 편인데, 그때 저도 엄청난 부담감을 느꼈어요. 아버지가 직업 군인이셨는데, 친척들 앞에서 외동딸 자랑을 많이 하셨거든요. 아버지는 어머니와 일찍 사별한 딸이 제 앞가림도 잘하고 공부도 곧잘 하는 것을 무척 뿌듯해하셨어요."

　김지현 회원이 총명한 눈을 빛내며 말을 이었다.

　"명절 같은 날 친척들이 모이면 꼭 아버지에게 '딸이 공부 잘하지?'라고 물으시는 분이 있었어요. 그때 아버지가 그냥 '열심히 하지'라고 말해주셨으면 좋았을 텐데, 항상 '그럼, 잘하지'라고 대답을 하셨어요. 그런 말들이 저한테 엄청난 스트레스를 줬어요. 그게 고등학교에 올라가서 헛구역질 증상으로 나타나다가, 고3 때는 아무 때나 막 토하기도 했어요.

그래서 정유진 회원님 딸의 심정을 누구보다 잘 알아요. 제 경험으로는 딸이 '엄마, 시험 못 볼 것 같아'라고 말할 때, 엄마가 '괜찮아'라고 말하는 건 그리 도움이 되지 않을 것 같아요. 그때는 '하연아, 그건 너무 힘들어서 그런 거야. 너 지금 괜찮지 않은 거야'라고 말해주는 게 도움이 될 거 같아요."

유진 씨가 회한이 어린 표정으로 말했다.

"저도 딸한테 항상 '잘해!' '잘해!'라고만 하면서 살았거든요. 그래서 애가 어렸을 때부터 공부를 잘해야 엄마한테 사랑받는다고 인식하게 된 것 같아요. 상담 선생님이 '아이가 실패했을 때 엄마가 의연해야 한다. 아이가 부정적인 감정을 다 쏟아내야만 다른 게 들어갈 수 있다'고 하셨어요.

'애가 또 울면 어떻게 해야 하느냐'고 물었더니, 안아서 등을 토닥이며 거울에 대고 말하는 것처럼 애가 듣고 싶어 하는 말을 들려주라고 하셨어요. '하연아, 졸음도 참고 공부했으니까 잘했어'라는 식으로요. 결과가 아니라 과정에 대해서 하연이가 듣고 싶은 말을 엄마 입을 통해서 거울처럼 듣게 해주라고요."

유진 씨는 상담 선생님으로부터 아이에게 맞는 팁(아이가 '아' 하면 '어'라고 대답해 주라는 식으로)을 얻을 수 있었던 점이 가장 좋았다고 말했다. 이어서 정유진 회원이 중요한 고백을 했다.

"하루 세 번 안아주기를 실천하기 위해 딸을 안을 때 처음엔 연기하는 느낌이 들었어요. 그래도 계속하다 보니까 점점 익숙해졌어요."

처음에는 누구나 어색하고 어렵다 뇌 과학자들은 "인간의 뇌는 연기와 실제를 구분하지 못한다"고 말한다. 그러므로 중요한 것은 일단 연기를

'하는' 것이다. 하연의 어머니처럼 연기를 하다 보면 뇌가 점점 실제처럼 인식하게 되기 때문이다. 처음엔 어색한 연기일지라도 반복하다 보면 자연스러워지는 법이다.

한번 생각해보자. 계속 반복하는데도 자연스러워지지 않은 행동이 있었던가. 극단적인 예가 되겠지만, 아우슈비츠에서 유대인들을 감금하고 가스실로 보내는 일을 반복했던 독일인들 대부분은 나중에 그런 역할을 '자연스럽게' 수행했다고 한다. 그런 면에서 인간의 뇌가 연기와 실제를 구분하지 못한다는 말은 참 무서운 말이기도 하다. 내가 강조하고 싶은 것은 엄마들이 아이의 상황에 맞춰서 그때그때 필요한 연기를 해줘야 한다는 것이며, 우리 뇌는 그것이 가능하도록 진화했다는 것이다.

아이에게 위기가 찾아왔을 때, '엄마'보다 중요한 것이 있다. 그것은 바로 '엄마 역할'이다. 아이에게 힘든 상황이 오면 엄마도 심적으로 고통을 겪는다. 엄마 또한 인간이기에, 아이의 좌절과 괴로움에 자신을 동일시하여 슬픔과 무기력에 빠질 수 있다. 하지만 슬픔에만 빠져 있으면 엄마 역할을 할 수 없게 된다는 것을 기억해야 한다. 아이에게 위기 상황이 닥쳤을 때는 '엄마'를 잠시 놓치는 일이 있더라도 '엄마 역할'만은 꼭 붙잡아야 한다. 자신에게 이렇게 되뇌어야 한다.

'나는 엄마가 아니다. 나는 엄마 역할을 하는 사람이다.'

그렇다면 정유진 회원의 경우처럼 아이가 쓰러졌을 때 엄마에게 가장 요구되는 배역(엄마 역할)은 무엇일까? 나는 '용기 있는 전사戰士'가 되는 것이라고 믿는다. 아이가 세상과의 싸움에 져서 쓰러져 있으니, 일단 아이와 함께 세상에 맞서 싸워줘야 하는 것이다. 딸이 쓰러졌을 때 하연의 어머니가 그랬다.

정유진 회원은 용감한 전사의 역할을 맡아서 딸을 위해 세상과 맞섰다. 그녀는 먼저 딸과 함께 상담실을 찾아가 싸움에서 이길 힘과 지혜를 구했다. 그것은 실로 대단히 용감하고 결단력 있는 행동이었다. 자신이 딸을 키운 방식이 실패했음을 인정할 용기, 상담사에게 그 실패를 고백할 용기가 없었으면 불가능한 일이었기 때문이다.

정유진 회원은 엄마로서의 나약함과 미숙함을 드러내기 위해 먼저 자기 자신과 싸워야 했을 것이다. 그 싸움에서 이겼기에 그녀는 딸에게 조력자를 구해줄 수 있었다. 덕분에 하연은 상담사의 도움에 힘입어 적(시험의 두려움)과 맞서 싸울 힘과 지혜를 얻었고, 다음번 시험에서 불안과 두려움을 극복할 수 있었다.

유진 씨의 고백이 계속 이어졌다. 그녀는 이런 말로 그날의 대미를 장식해주었다.

"제 동생과 아이들에 대해서 대화를 나누다가 제가 동생에게 이런 말을 했어요. '요즘엔 하연이가 예쁠 때가 있다'고요. 사실 언제부턴가 하연이는 저한테 부담스러운 존재였거든요. 아마 여섯 살 터울인 둘째를 낳으면서부터였던 거 같아요. 남동생에 비해서 공부도 잘하고 운동도 잘했던 딸에 대해서는 항상 '공부를 잘해서 나중에 잘돼야 한다'는 생각만 했어요. 그동안 '애가 예쁘다'는 감정은 늘 둘째에게만 느꼈죠. 요즘엔 하연이를 볼 때마다 '아, 우리 딸도 힘들겠구나. 공부도 운동도 다 잘하지만, 그래도 힘들 수 있겠구나' 하는 생각이 들어요."

그날 고백을 하던 유진 씨의 모습은 아름답고 사랑스러웠다. 처음엔 그것이 헤어스타일을 스트레이트로 산뜻하게 바꾼 탓인 줄 알았다. 유진 씨가 아름답게 보였던 이유는 사랑으로 역경을 이겨낸 어머니였기 때문이었다.

**엄마의 용기가 빚어낸
놀라운 변화**

2주일 뒤 유진 씨는 이런 이야기를 들려주었다.

"오늘도 꼭 하고 싶은 이야기가 있어서 다른 약속을 깨고 참석했어요. 하연이와 함께 상담받으면서 가장 놀랐던 건, '내가 딸과 소통이 막혀 있었구나'라는 걸 알게 된 거였어요. 사실 하연이가 사춘기가 된 후부터는 대화다운 대화를 해보지 못했어요. 애가 얘기 좀 하자고 하면 '저게 또 지랄하겠구나' 하는 생각이 들면서 겁부터 더럭 났거든요.

그랬는데, 일주일 전에 딸과 이야기하다가 대화가 술술 풀리는 걸 느꼈어요. '아, 지금 우리 대화가 핑퐁처럼 오가고 있구나' 하는 느낌이 드는 거예요. 이틀 전에 외식하고 왔던 날에도 하연이가 '같이 나가서 운동하고 오자'고 조르더라고요. 졸다가 억지로 몸을 일으켜 같이 나가서 산책을 했어요. 한 시간 동안 걸으면서 딸과 이런저런 이야기를 나누다가 또 깜짝 놀랐어요. 우리가 한 시간 내내 너무 즐거운 대화를 하고 있었거든요.

예전엔 하연이가 속내를 꺼내면 '어유, 또 시작했어' 하면서 가슴을 치면서 참는 게 내 역할이었어요. 이번엔 하연이가 3학년 올라가서 해보고 싶은 동아리 이야기를 재잘재잘 늘어놓는데 참 행복해 보였어요. 그 모습을 보면서 '아, 예전엔 내가 딸의 말을 그냥 받아줬는데, 지금은 딸과 소통하고 있구나' 싶더라고요."

그 말을 들으며 나는 그 순간이 유진 씨 인생의 '역사적 순간'이라는 생각이 들었다. '딸과의 대화가 이렇게 즐거울 수 있구나!'라고 느낀 순간 말이다. (나중에 이야기하겠지만, 내게도 그런 역사적 순간이 있었다.)

이어진 유진 씨의 말에서 용기의 진면목이 드러났다.

"하연이와의 소통이 제대로 되기 시작했던 건, 내가 하연이에게 '네가 그렇게 말할 때마다 내가 너무 화가 난다'는 말을 몇 번 해준 후부터였어요."

그것은 직면의 순간이었다. 유진 씨는 딸과의 소통을 막았던 환부를 과감히 끄집어냈다. 무의식의 어둠 속에 있던 감정적 상처를 햇빛 속으로 꺼내 놓았던 것이다. 인간에게 이보다 더 용기를 필요로 하는 일이 있을까.

옛날 카톨릭 교인들은 신부를 찾아가 고백 성사를 했지만, 현대인들은 정신과 의사나 심리상담가를 찾아간다. 그러니까 상담을 받으러 간다는 것은 고백하러 간다는 뜻이다.

유진 씨가 딸을 데리고 상담실을 찾았을 때, 그녀에게 주어진 배역은 '고백 성사' 역할 연기를 하는 것이었다. 유진 씨는 오랜 고백의 과정을 거치며 자신과 하연의 어두운 감정과 직면하는 작업을 감당해냈다. 그로 인해 어머니와 딸의 부정적 감정은 어둠 속에서 나올 수 있었고, 환한 햇빛 속에서 치유될 수 있었다.

이어서 더욱 놀라운 일이 벌어졌다. '고백 성사 하는' 역을 하던 유진 씨가 어느새 '고백 성사 받는' 역도 할 수 있게 된 것이다. 그녀는 그 모습을 이렇게 표현했다.

"전에는 딸이 친구 욕을 하면 '그래도 네가 이해해야지'라고 말했어요. 지금은 '그 기집애 왜 그러냐?'고 하면서 딸의 편을 들어줘요. 그게 하연이에게 공감받는다는 느낌을 준 거 같아요. 그러면서 딸과의 대화가 풀렸어요."

놀랍지 않은가. '고백을 들어주는' 배역을 훌륭히 소화할 수 있게 된 유진 씨의 변화가. 정유진 회원은 점점 '엄마 역할 연기'의 달인이 되어갔다. 전에는 밤늦게 공부하다가 잠을 자려는 딸에게 "공부 좀 더 하고 자"라고 말했다. 지금은 날마다 밤늦게 공부하는 딸에게 "공부 좀 그만하고 자"라고 말한다고 한다.

"공부 좀 더 하고 자"라는 말보다 "공부 그만하고 자"라는 말이 딸에게 더 큰 힘을 불어넣어 준다는 걸 알기 때문이다. 엄마에게 그런 말을 들을 때마다 하연은 '아! 내가 열심히 공부하지 않아도 엄마가 나를 사랑하시는구나'라고 느끼면서 더 편안한 마음으로 공부하게 되었다. 이로 보건대 정유진 회원의 '콩쥐 엄마 프로젝트'는 거의 성공적이라고 평할 수 있을 것 같다.

엄마 연기의 달인,
사춘기 아들 때문에 폭발하다!

'콩쥐 엄마 프로젝트'를 (연기)하기로 마음먹었다면, 한 번쯤 '연기란 무엇인가?'라는 질문을 던져봐야 할 것 같다. 일본 만화가 미우치 스즈에의 작품《유리가면》은 그 답을 '유리가면'이라는 매개물로 설명해준다. 이 만화는 연기자가 되기 위해 집을 나온 마야라는 소녀가 훌륭한 연기자로 성장해가는 과정을 설득력 있게 묘사한 작품이다.

3권에서 마야는 자신을 오랫동안 찾아 헤맸던 엄마를 만나게 된다. 하지만 무대에 오르느라 엄마를 놓치고 만 마야는 연기에 온전히 몰입하지 못하고, 하필이면 '인형' 역할을 하다가 끝내 눈물을 흘리고 만다. 인형이 눈물을 흘리다니……! 객석에서 항의가 일어나고 연극은 결국 도중에 막을 내리게 된다. 그 후 무대 뒤에서 마야의 친구 레이가 그녀에게 이런 충고를 해준다.

"우리는 유리처럼 깨어지고 부서지기 쉬운 가면을 쓰고 연기하는 거야.

아무리 멋지게 극 중의 인물이 되어 훌륭한 연기를 하려 해도, 아차 하는 순간에 깨어져서 본 모습이 나타나고 말지. 얼마나 아슬아슬한 건지. 이 유리가면을 계속 쓰고 있을 수 있는가 없는가에 따라 그 연기자의 재능이 결정되는 거야."

이것은 '콩쥐 엄마 역할'을 하기로 한 엄마들에게도 매우 중요한 조언이다. 특히 사춘기 자녀의 엄마들에게 더욱 그렇다. 갑자기 아이의 사춘기적 반항을 접한 엄마들은 마야가 인형 역을 망각하고 눈물을 흘린 것처럼 자기도 모르게 엄마 역을 망각하고 화를 터트리게 되기 때문이다.

앞서 말했던 것처럼 심리학자들은 분노를 폭발시키는 상태를 '감정적 홍수 상태'라고 말한다. 우리는 그 상태에서 자신의 심박 수가 쉽게 145나 175를 넘는다는 것을 경험으로 잘 알고 있다. 엄마가 화를 폭발시키며 아이와 싸울 때, '엄마 역할'을 제대로 하기란 거의 불가능하다. 여전히 '엄마'이긴 하겠지만 말이다. 스스로 연기의 달인이라 여겼던 내 아내의 경우도 그러했다. 열다섯이 된 아들 준이의 반항을 처음 접했을 때 아내는 유리가면을 깨뜨리고 말았다.

중2병은
피해갈 수 없는 병?!

중학교 1학년 때까지 준이는 '말 잘 듣는 아이'였다. 착하고 성실했으며 공부까지 잘했으니 다른 부모들의 눈에 '엄친아'로 보일 만했다.

그랬던 아들이 중학교 1학년에서 2학년으로 넘어가던 시기부터 '변하기' 시작했다. 초등학교 교사였던 아내는 중학교 1학년 12월 즈음까지 '손아귀에 꽉 쥐고 있었다'고 표현할 수 있을 정도로 아들을 거의 완벽하게 장악하고 있었다. 그러나 초등학교식 육아법의 효용성은 거기까지였다.

그 시기는 준이가 특목고 진학을 목표로 스스로 종합학원에 다니기 시작한 시기였다. 학습량이 급증한 아들은 정신적으로 스트레스를 많이 받고 있었다. 그때부터 아들은 어머니의 일방적인 통제에서 벗어나고자 하는 욕망을 갖기 시작했다.

도서관에 다녀와서 옷을 갈아입고 있는데 진이가 쪼르르 달려와서 내게 일러바쳤다.

"아빠, 오늘 오빠가 또 엄마 울렸다. 학원 다니면서 오빠 이상해졌어."

"그랬어……?"

아들은 열다섯이 되더니 부쩍 커서 키가 180센티미터였고 몸무게는 90킬로그램이 넘었다. 그런 녀석이 험악한 인상을 쓰고 대들면 아내가 겁이 날만도 하다는 생각이 들었다. 나는 그동안 학부모들로부터 한석봉처럼 말 잘 듣던 아들들도 중학교 2, 3학년이 되면 엄마들의 속을 무지막지하게 썩인다는 말을 무수히 들어왔었다. 드디어 올 것이 왔구나, 하는 심정이었다. 그런데 그날 밤 아들 녀석이 엄마에게 또다시 큰 상처를 주는 사건이 터지고 말았다.

온 가족이 텔레비전 드라마를 보고 있을 때였다. 아내와 딸은 꽃미남 배우들에게 넋이 빠져 있었다. 진이는 아예 다른 가족들에게 말도 크게 하지 못하게 하면서 텔레비전에 몰입했다. 그때 드라마에서 여자 주인공이 남자 주인공을 향해 '쪼잔하다'고 말하자, 아내가 며칠 전에 '쪼잔했던 교감 선생님'과 대판 싸웠던 얘기를 다시 꺼냈다.

"내가 '교감 선생님 쪼잔한 거 아세요'라고 그랬더니 교감이 '그러는 선생님은 마음이 넓은 줄 아세요? 그러더라구. 내가 그랬어. 교감 선생님이 쪼잔해서 그렇게 하지 않겠다고……."

아내는 교감 선생님과 싸웠던 일을 무용담을 늘어놓듯 벌써 몇 번째 얘기한 터였다. 준이가 웃으면서 말했다.

"아빠, 엄마랑 왜 결혼했어? 엄마는 했던 말을 너무 자주해. 또 교감 선생님이랑 싸운 얘기 하잖아."

내가 별생각 없이 아들에게 맞장구를 쳐주었다.

"준이야, 남편한테는 말이야. 부인의 얘기를 잘 들어주는 게 가장 중요한 일이야. 부인이 했던 말을 하고 또 해도 처음 듣는 것처럼 맞장구를 쳐줘야 점수를 딸 수 있거든."

그때 갑자기 아내가 버럭 소리를 질렀다.

"준이! 내가 앞으로 너랑 얘기하나 봐. 너 왜 그렇게 엄마를 무시해? 요즘 너 얼마나 심한 줄 알아? 나가, 새끼야! 나 이제 우리 집 남자들이랑 얘기 안 할 거니까 그렇게 알아."

아내의 얼굴은 배신감과 모욕감으로 치를 떨고 있었다.

"에이, 엄마 왜 그래? 지금 삐친 거야?"

준이가 엄마 옆으로 가더니 덥석 끌어안으며 너스레를 떨었다. 아들보다 20여 센티미터 작은 아내가 마치 딸 같아 보였다. 그러나 화난 마음을 풀어준답시고 녀석이 쉽게 한 행동이 엄마를 더 화나게 만들었다. 그런 상황에서 남자들의 어설픈 '연기'는 언제나 역효과를 낳는 법이다.

"저리 가, 자식아! 너 같은 놈이랑 같이 살고 싶지도 않아. 내가 그동안 잘못 키웠어. 착하다, 착하다 해주니까 이놈이 엄마를 자기 발바닥 때처럼 알아."

울분을 삭이지 못하는 엄마의 모습에 당황한 준이의 얼굴이 잔뜩 굳어졌다. 사실 이런 대응은 전혀 아내답지 않은 방식이었다. 그동안 아내는 이렇게 전형적으로 감정을 터트리는 모습을 보인 적이 없었다. 이건 아내의 연기가 아니었다. 아내는 노련하게 감정을 절제할 줄 아는 내면연기의 달인이었다. 내가 아내를 진정시키기 위해 아들을 두둔하며 말했다.

"같은 얘기를 자꾸 들으니까 애가 별 생각 없이 한 말 가지고 왜 그래?"

하지만 그 말이 아내를 더 자극하고 말았다.

"당신도 똑같아! 내가 이 나이에 자식한테 이런 비아냥을 들으면서 살아야 해? 나, 아들놈이랑 스트레스 받아서 못 살겠어. 너, 지금 당장 방에서 나가."

아내는 분을 못 이겨서 울 것 같은 표정이었다. 사실 그런 '감정의 홍수 상태'에서는 연기가 불가능하다. 이럴 때는 차라리 아무 연기도 하지 않는 편이 낫다. 아내는 졸지에 배역을 잃어버린 배우처럼 입을 다물고 있었다.

어머니가 연기를 접었다는 건, 이젠 아버지가 연극의 전면에 나서야 할 때라는 뜻이었다. 나는 상대 배우의 표정을 살펴보았다. 아들의 얼굴에는 세상의 쓴맛을 알아버린 표정이 떠올라 있었다. 일단 아들을 내보내야 할 것 같았다.

"준이, 너 일단 네 방에 가 있어. 빨리!"

마지못해 일어선 아들이 상기된 얼굴로 나간 뒤, 내가 아내에게 말했다.

"원래 중학교 2학년이 되면 아들들이 엄청나게 속을 썩인대. 올해 졸업생 중에 민섭이라고 진짜 성실한 애가 있었거든. 근데 걔도 2학년 때부터 정말 엄마 속을 엄청나게 썩였대요. 준이도 딱 그 시기에 사춘기가 시작된 거야."

때마침 그날 사춘기의 심리를 다룬 책을 읽은 게 큰 도움을 주었다.

"사춘기 때는 자의식이 발달하는 시기라서 모든 자식들이 부모하고 심한 갈등을 겪는대요. 미국 애들도 열세 살이 되면 부모가 지금 차를 쓸지 안 쓸지는 생각도 하지 않고 그냥 차를 갖고 나가버린대. 오죽했으면 〈써틴〉이라는 영화가 나왔겠어. 우리나라나 미국이나 사춘기 애들은 다 똑같은가 봐."

아내가 서글픈 표정으로 역정을 냈다.

"아, 사춘기가 무슨 벼슬이야? 그런 걸 부모가 다 받아줘야 하는 거냐고? 저놈이 그동안 몇 번이나 비웃고 함부로 말하는 걸 참았어. 언제까지 참아야 하는 거야?"

아내의 말을 듣고 나니 뭔가 대책을 세워야겠다는 생각이 들었다. 내가 거실을 향해 크게 말했다.

"준이, 이리 와봐!"

아들이 볼멘 얼굴로 돌아왔다.

"내가 생각할 때는 말이야……. 네가 무심코 하는 말이 엄마한테는 큰 상처를 주는 거 같다. 솔직히 말해봐. 너 일부러 그러는 거 아니지?"

학생이든 자식이든 훈계를 좋아하는 아이는 없다. 녀석은 잔소리를 듣는 문제아처럼 마지못해 고개를 끄덕였다.

"지금 종이에다 그동안 네가 엄마한테 상처 줬던 말을 한 번 다 적어봐. 열 개 정도 적어서 가져와 봐."

나는 학급에서 말썽을 부리던 아이들에게 쓰던 수법을 그대로 아들에게 사용했다. 옆에서 듣고 있던 아내가 다시 버럭 화를 냈다.

"됐어! 나 필요 없어! 내가 한두 번 혼낸 줄 알아. 그딴 거 하지도 마."

아내는 아들에게 넌더리를 내고 있었다. 그동안 얼마나 마음고생이 심했는지 짐작이 되었다.

"그래도 일단 가서 적어 봐."

준이는 귀찮다는 표정을 가까스로 숨기며 다시 방을 나갔다.

"사춘기 때는 부모와 갈등을 겪는 게 자연스러운 거래. 가슴속에서 자기도 감당하기 힘든 감정과 의식이 폭발적으로 생겨나기 때문에 저렇게 행동하게 되는 거야."

내 말을 듣고 난 아내가 딸 방을 보며 투덜거렸다.

"진이는 안 그러잖아."

"진이도 중학생이 되면 마찬가지일 거야. 여자애들은 빨라서 중1이나 초등학교 6학년 때부터 시작한다잖아."

"그러게. 진이도 곧 시작하겠구나."

아내와 나는 실로 오랜만에 한마음이 되었다. 그러나 그 마음은 유감스럽게도 캄캄하고 암담한 것이었다.

거실로 나가서 아들이 쓴 글을 읽어보았다. 녀석은 엄마에게 상처를 주었던 말과 함께 엄마가 자기에게 상처를 주었던 말도 적어왔다.

학원 다니는 스트레스를 엄마한테 푼다고 하신다.

진이는 안 혼내고 나만 혼내신다.

학원 못 다니게 한다고 협박하신다.

"준이야, 중학교 2학년은 너한테 아주 힘든 시기야. 네가 자기도 모르게 엄마를 무시하는 말을 해서 오늘 많이 혼났지? 아빠는 그게 네 성격의 장단점 때문이라고 생각해. 너는 자기 할 일을 척척 알아서 하는 성격이지?

그래서 공부도 스스로 계획한 대로 잘하고 성적도 잘 나오잖아. 그런데 모든 성격에는 장점과 단점이 있어. 너는 스스로 자기관리를 잘하기 때문에 그렇지 않은 애들을 보면 한심해 보일 때가 있지? 그래서 자기도 모르게 비난할 때가 있었을 거야. 오늘도 그런 행동이 엄마한테 무심코 나왔던 거고, 그렇지?"

준이가 굳은 얼굴로 고개를 끄덕였다.

"네가 오늘 엄마한테 혼난 건 어떻게 보면 좋은 일이야. '생각 없이 다른 사람을 무시하는 말을 하면 안 되는 거구나'하고 배울 수 있었으니까. 네가 집에서 그런 걸 잘 배우면, 학교에서 친구들하고 지낼 때 똑같은 잘못을 저지르지 않겠지? 중학교 졸업할 때까지 오늘 같은 마찰이 더 있을지도 몰라. 아빠는 네가 그때마다 '아, 내가 중요한 걸 배우려고 이런 일을 겪는 거구나' 라고 생각해주면 좋겠어, 알았지?"

아들이 이번에도 무뚝뚝한 표정으로 고개를 끄덕였다.

"오늘 네가 엄마 마음을 상하게 한 건 어쩔 수 없는 일이었을지도 몰라. 중요한 건 똑같은 잘못을 반복하지 않는 거야. 아마 방학 내내 엄마랑 같이 있다 보니까, 이런 일이 생긴 거 같다. 엄마랑 더 스스럼없어지고 친해지다 보니까 예의를 지키지 않고 무시하는 말이 나온 거지. 나중에 여자친구랑 연애하는 일도 똑같아. 처음에 사귈 때는 서로 어려워하고 예의를 잘 지키지만, 나중에 친해졌다고 함부로 대하면서 관계가 깨지는 경우가 많거든."

녀석은 연애 얘기를 하니까 조금 알아듣겠다는 표정으로 고개를 끄덕였다. 준이는 학원에 다니지 말라고 할까 봐 염려돼서 그랬는지 한사코 학원 공부 때문에 힘든 것은 아니라고 말했다.

"공부하는 게 얼마나 힘든 건데. 넌 별로 어렵지 않다고 하지만, 알게 모르게 많은 스트레스를 받고 있을 거야. 작년 2학기 때 공부를 줄이고 책을 많이 읽었을 때는 네 얼굴이 얼마나 밝고 편안해 보였는데. 엄마랑 아빠는 너 스스로 학원에 다니는 거라서 말리지 못하고 있지만, 학원 공부 때문에 잃는 게 많아서 너무 안타까워."

나의 '자상한 아버지' 역할은 아들의 마음을 가을햇살처럼 따사롭게 어루만져 준듯했다. 그날 제 방으로 들어간 준이는 밤늦게까지 책을 읽고 잤다.

한 시간쯤 지났을 때였다. 아들이 안방으로 찾아와 엄마를 껴안으며 진심으로 죄송하다고 말했다. 화가 풀린 아내가 아들을 꼭 껴안으며 말했다.

"준이야, 엄마가 너 공부하는 거 힘들다고 얼마나 맞춰주는 지 알아? 밥 차릴 때 아빠랑 진이한테는 아무 거나 줘도 너한테는 꼭 고기반찬 만들어 주잖아. 엄마 힘들 때는 너도 엄마를 좀 이해해 줘."

준이는 먹는 얘기가 나오자 무심코 엄마의 심기를 건드리는 말을 하고 말았다.

"에이, 나보다 더 심한 애들도 많아요."

그러자 아내가 아들을 흘겨보며 가슴을 밀쳐내면서 투덜거렸다.

"또 말대꾸하는 것 좀 봐. 으이그, 이런 놈을 데리고 살아야 되나, 내가 정말……."

아내는 욱 해서 다시 토라진 연기를 했다. 아니, 연기를 한 게 아니라 제대로 토라진 거였다.

배테랑 연기자 엄마,　　그 사건 이후 아내는 야생 동물처럼 드세진 아들의
배역을 잃어버리다　　　감정을 다스리는 일에 한계를 느낀 듯했다. 아내는
　　　　　　　　　　　　배역을 잃어버린 엄마가 되고 말았다. 그러니까 이
것은 '연기'의 문제가 아니라 '배역'의 문제였던 것일까. 앞서 말했듯이 아
내는 탁월한 연기력을 갖춘 엄마였기에 연기에는 아무 문제가 없었다. 다
만 사춘기 아들에게 맞는 배역으로 엄마의 역할을 재설정해야 하는 시기
가 찾아온 것이었다.

　중2가 되면서 준이는 놀랍게 성장한 모습을 보여주었다. 일례로 나의
첫 번째 책《내 마음의 방은 몇 개인가》를 읽어냈는데, 책이 나온 것은 그
보다 한 해 전 겨울이었다. 책이 어렵고 재미없다며 읽다가 포기했던 녀
석이 신기하게도 열다섯 살이 되자마자 책을 들더니 순식간에 읽어 내려
갔던 것이다.

　다음 날 아침, 도서관을 가려고 집을 나서는데 아들이 눈을 비비며 제
방에서 나왔다.

　"아빠, 어제 아빠 책 읽고 잤어. 너무 재미있었어."

　그 말을 들은 내 얼굴에서 절로 행복한 표정이 떠올랐다.

　"그랬어? 드디어 우리 아들이 아빠 책을 읽었구나."

　준이가 게슴츠레한 눈으로 웃으며 말했다.

　"난 정말 복이 많은 자식 같아. 아빠가 나한테 말했던 내용이라서 더 좋
았고 마음에 다가왔어."

　"그래. 고맙다, 고마워."

　"참! 아빠, 잠깐……."

　서둘러 제 방으로 들어갔다 나온 준이가 내게 지폐를 한 장 내밀었다.

"아빠, 도서관에서 글 쓸 때 써."

만 원짜리 지폐를 엉겁결에 받아든 내가 감격에 겨운 목소리로 말했다.

"우와! 아들아, 고마워. 아빠가 글 쓰다가 이걸로 맛있는 거 사 먹으면서 네 생각할게."

나는 책에 아들이 태어났던 날 '가슴이 북받쳐오는 기쁨을 느꼈다'고 썼었다. 준이에게 만 원을 받던 순간에도 그만큼 기뻤던 것 같다. 아들은 눈을 비비며 다시 제 방으로 들어갔다.

이 경험은 나로 하여금 '십대는 왜 중2병이 걸리는가'라는 의문에 답을 주었다. 중1에서 중2로 건너가는 시기는 아이가 존재론적으로 변화하는 분기점이다. 아들에게 들려주었던 심리학과 철학이 버무려진 이야기들이 열다섯이 되기 전까지는 몇 번이나 읽다가 포기했을 정도로 지루하고 재미없는 이야기였다. 그랬던 이야기가 열다섯이 되자마자 귀로 들어왔고 마음으로 받아들여졌던 것이다. 이는 무엇을 의미하는 것일까?(신기하게도 책을 그다지 좋아하지 않던 딸의 경우에도 2년 뒤 열다섯이 되던 해 겨울방학 때 내 책을 읽었다.)

그것은 아들의 눈에 '어른의 세계'가 보이기 시작했음을 의미했다. 이제는 자기 삶의 주인으로 살아야 한다는 인식을 어렴풋이 하게 되었다는 뜻이다. 아들의 생애에서 작은 혁명이 일어나고 있었던 셈이다.

그동안 준이는 부모의 울타리라는 알 안에서 착하고 얌전하게 지내면 되었다. 하지만 이제는 그 안전한 알을 깨고 바깥세상으로 나가야 했다. 그야말로 줄탁동시의 지혜가 필요한 시기였다. 병아리가 갑자기 알을 부수고 나간다면 어떻게 되겠는가? 준비 없이 맞이한 낯설고 위험한 세상에서 살아남지 못할 것이다.

열다섯, 중2는 병아리가 알을 입으로 쪼듯이 아이가 자기 세계의 틀을 조심스럽게 깨나가는 시기이다. 이때 부모는 밖에서 알을 쪼아주는 어미닭처럼 아이의 속도에 맞춰서 바깥세상을 열어주어야 한다. 아이는 부모가 뚫은 구멍의 크기만큼만 바깥세상을 받아들일 수 있기 때문이다.

뇌 과학자들은 '십대의 뇌는 홍수처럼 들이닥치는 정보의 폭주 속에서 갈팡질팡하고 있다'고 설명한다. 그렇지 않겠는가? 알을 깨면서 점점 넓어지는 세계로부터 어마어마한 지식과 정보가 쏟아져 들어올 테니 말이다.

십대의 뇌는 엄청나게 빠른 속도로 정보를 처리하여 지식의 폴더를 만들고, 링크로 그 지식들을 연결하느라 폭발적으로 일하고 있다. 이때 부모가 아이와 보조를 맞춰가지 않고 아이의 '자기 통제감'을 지속적으로 침해하면 충돌과 갈등이 일어날 수밖에 없다.

열다섯 준이의 뇌도 그런 작업을 하느라 정신이 없는 상태였다. 안전했던 알에서 벗어나기 시작한 아들에게 아내의 초등학교식 양육법은 더 이상 맞지 않았다. 앞 장의 주인공이었던 하연의 엄마처럼 새로운 캐릭터로 거듭나야 할 시기가 온 것이었다. 아내는 한동안 중2 아들에게 맞는 배역을 찾아내지 못했다. 그리하여, '연기 못 하는' 아버지가 아들의 상대역으로 전면에 나서야 했다.

분노를 드러낼수록
부모의 권위는 떨어진다

　책《만델라스 웨이》에 나오는 말이다. "만델라는 자신의 분노를 드러내는 것이 자신의 힘을 위축시킨다는 것을 알고 있었다. 분노를 숨기면 힘이 세졌다."

　교사와 부모가 가슴에 새겨야 할 최상의 금언이라고 생각한다. 이 말은 내가 20여 년의 교사 생활과 부모 생활을 통해 뼈저리게 느낀 진실이기도 한다. 특히 사춘기 아이에게 분노를 드러내면 드러낼수록, 부모나 교사의 힘은 위축된다. 그만큼 아이에게 미칠 영향력을 상실하게 되는 것이다. 사춘기 이전의 아이들, 힘이 없는 아이들에게는 분노가 통할지도 모른다. 하지만 그 역시 '통하는 것처럼 보이는' 것일 뿐이다. 엄마가 분노를 남발할수록 아이의 무의식 속에서는 '잠재적 반항'이라는 부채가 계속 쌓여갈 것이기 때문이다.

　남아프리카공화국 최초의 흑인 대통령이었던 넬슨 만델라는 흑인 민권

운동을 하다가 수십 년 동안 감옥에 갇히는 고난을 겪었다. 감옥에서의 만델라의 삶은 '역할 연기'가 얼마나 중요한가를 잘 보여준다.

그는 감옥에서 흑인 수감자들이 입고 있던 반바지를 긴 바지로 바꿔달라는 투쟁을 벌여 그것을 쟁취했다. '긴 바지'는 왜 그토록 중요했을까? 수감자들은 간수들 앞에서 반바지를 입고 있었을 때, 저도 모르게 자신을 열등한 존재로 인식하게 되었다. 반바지 아래로 드러난 맨다리가 마치 '유리 가면'이 벗겨진 것과 같은 기능을 했을 터였다. 간수들처럼 긴 바지를 입게 되었을 때, 그들은 비로소 민권운동을 하다 갇힌 '운동가'로서의 자아(배역)를 회복할 수 있었다고 한다.

만델라는 감옥에서 생활하는 동안 늘 자세를 꼿꼿이 하고 당당한 풍모를 유지하려고 애썼다. 만델라의 그런 연출은 간수들과 동료들로 하여금 그에게 범접할 수 없는 존엄과 카리스마를 느끼게 했다. 부당한 권력에 의해 잠시 죄수 역을 하고 있지만, 본연의 배역이 '흑인 민권운동 지도자'라는 것을 한시도 잊지 않기 위한 노력이었을 것이다. 그런 당당한 지도자의 연기는 그로 하여금 당당한 자아를 갖게 했으며 감옥에서도 지도자의 역할을 훌륭히 완수하게 해주었다.

사춘기가 된 아이는 변덕스러운 행동과 감정 기복으로 부모를 짜증 나게 하거나 분노하게 하는 일이 잦다. 이것은 본질적으로 사춘기라는 시기가 '배역이 없는' 시기이기 때문이다. 사춘기는 성인이 될 때까지 역할이 유예된 시기이다. 사춘기 아이는 배역이 없는 단원처럼 인생 드라마에서 제역할을 찾지 못하고 좌충우돌 말썽을 일으킨다. 그럴 때 부모는 '분노를 드러낼수록 부모로서의 힘을 잃어버린다'는 사실을 잘 기억해야 한다. 부끄러운 고백이지만, 내가 바로 그런 아버지였다.

저녁을 먹던 아내가 잔뜩 골이 난 표정으로 푸념을 늘
어놓았다.

"어휴, 저 새끼 눈 부릅뜨고 대드는 것 좀 봐. 아빠가 언
제 한 번 두들겨 패줘야지 말을 듣지, 원."

아내는 은근히 아들을 힘으로 제압해주기를 내게 요구하고 있는 듯했
다. 그러나 단순한 푸념인지 원조를 요청하는 건지 아내의 복심이 정확히
헤아려지지는 않았다. 준이는 어느덧 거뭇거뭇하게 수염이 나서 얼굴이
아저씨 같았다. 불과 몇 주 전만 해도 앳된 얼굴이라고 느꼈는데, 이제 인
상을 슬쩍 구기기만 해도 쉽게 험악한 얼굴로 바뀌었다. 작고 연약한 아
내에게는 거구의 청년이 된 아들을 감당하는 일이 버거울 만도 했다. 녀
석은 엄마가 더 이상 무섭지 않다는 것을 꿰뚫었는지 어느 결에 만만하게
대하고 있었다. 아내의 입에서 볼멘소리가 터져 나왔다.

"만날 아빠가 웃고 잘해주니까 아들놈이 버릇만 나빠지잖아."

그 말을 듣고 나니 아내의 본심이 더 이상 헷갈리지 않았다. 그 순간 나
는 어렴풋이 아들과의 전쟁 드라마가 시작됐다는 것을 느꼈다. 나는 정말
로 그 배역을 맡고 싶지 않았다. 소수 종교를 믿는 사람들이 감옥에 갈 각
오를 하고 군인의 배역을 맡지 않으려 하는 것처럼 말이다. 게다가 그즈
음 선배 교사로부터 전해 들었던 어느 가족의 파탄사는 나로 하여금 더 군
인 배역을 거부하고 싶게 만들었다.

그 부모는 삼십대 중반에 늦둥이 외아들을 낳았다고 했다. 담임이었던
선배 교사를 찾아왔던 어머니가 들려줬다는 말은 어찌나 민망하고 충격
적인 것이었는지 말문이 막힐 지경이었다. 그 어머니와 아버지는 날마다
중학생 아들에게 맞는 것이 무서워서 밤 열두 시가 되도록 집으로 들어가

지 못한다고 했다. 그동안 아들은 친구들과 컴퓨터 게임을 하면서 원 없이 논 후에 잠이 들었고, 그제야 부모들은 고양이를 피해 숨어드는 쥐처럼 집으로 들어가는 것이었다.

그러나 사연을 들어보니 아들을 그런 인간망종으로 만든 것은 다름 아닌 그 부모들이었다. 늦게 얻은 외아들을 애지중지 키우며 아들이 하고 싶다는 것은 무엇이든 들어주었고, 하기 싫다는 것은 내버려두었다. 그렇게 자란 아들은 아침에 일어나서 학교에 가는 일조차 스스로 할 수 없을 정도로 의지가 나약한 아이가 되고 말았다.

부모가 얻어맞게 된 사연인즉 이러했다. 중학생이 되자 아들이 더 망나니가 된 것은 당연한 일이었다. 비극적인 사건은 어머니가 학교에 가라며 아들을 깨웠던 어느 날 아침에 일어났다. 아무리 깨워도 일어나지 않는 아들에게 화가 난 어머니가 아들의 뺨을 때렸는데, 덩치가 커진 아들이 어머니의 팔을 잡고 제압해 버렸던 것이다. 그날 아들은 한낮까지 자고 일어나 온종일 컴퓨터 게임만 했다. 다음 날 아침엔 아버지가 아들을 깨웠다. 그리고 전날과 똑같은 일이 벌어졌다. 아들이 자신을 때리는 아버지의 팔을 잡았을 때, 두 사람은 아버지와 아들이 아닌 수컷과 수컷이 되어 싸우게 되었다. 그리고 키와 덩치가 더 컸던 아들이 아버지를 무력으로 제압해 버렸다. 아버지를 무너뜨린 아들은 그날부터 우두머리를 제압한 원숭이 수컷처럼 무소불위의 권력자가 되었던 것이다. 그는 부모를 부모로 여기지 않았을 뿐만 아니라 수틀리면 때리기까지 하는 패륜아가 돼버리고 말았다.

두 부모는 경찰에 신고도 하지 못한 채 끙끙 앓으며 지옥보다 못한 삶을 견디고 있었다. 그 가정은 조폭보다도 못한 조직이었으며, 짐승의 무리보다도 못한 집단이었다. 나는 이제까지 자기보다 힘이 약한 어미에게 상해를 입히는 짐승이 있다는 말을 듣지 못했다. 분명한 사실은 아들이 개망나니가 된 건 부모가 자초한 일이라는 것이었다. 아들을 키우면서 한 번도 '안 돼'라고 말하지 않았던 양육의 결과였기 때문이다.

물론 내 아들이 그렇게까지 망가지리라고 생각해본 적은 없었다. 그러나 급격히 사내가 되고 있는 아들의 내부에서 자신도 주체할 수 없는 공격성이 자라고 있는 것만은 분명했다. 나는 아들의 공격성으로부터도 가정을 지켜야 하는 역할을 가진 아버지였다.

"여보, 중학생은 때린다고 말 안 들어. 오히려 반항심만 불러일으켜서 더 빗나가게 하지. 걔네들한테는 잔소리도 안 통해. 네가 만약 이런 잘못을 하게 되면 저런 대가를 받게 될 거라고 미리 알려주고, 그런 잘못을 할 때마다 엄격하게 적용하는 게 가장 효과적인 방법이야."

내가 이십 년 경력의 중학교 교사 경험을 바탕으로 아내에게 조언했다. 초등학교 교사였던 아내는 아무래도 중학생들의 심리를 이해하는 일에 서툴렀다. 아내가 아들의 방을 째려보며 말했다.

"난 저 자식 이제 감당 못 하겠어. 당신이 알아서 잡아. 난 몰라."

그때 아내는 몰랐던 것이다. 그 후로 아들의 군기를 잡기 위해서 부자간에 얼마나 치열한 전투가 전개될 것인지를.

마치 올 것이 오고야 말았다는 듯이... 며칠 뒤 준이와 첫 번째 충돌이 일어났다. 마침내 우리 가족 극에서도 폭력 액션 씬을 찍어야 하는 상황이 온 것이었다.

그날은 일요일이었다. 때마침 장인이 집에서 며칠 지내고 계실 때였다.

외할아버지를 포함하여 다섯 식구가 식탁에서 아침밥을 먹는데 아내가 갑자기 큰소리를 냈다.

"준이! 너 엄마가 식탁에 팔 기대지 말고 먹으라고 몇 번 얘기했어? 그렇게 먹으니까 다 흘리잖아. 똑바로 먹어!"

일어나자마자 식탁에 앉았던 아들이 졸린 눈으로 팔꿈치를 내려놓으며 대답했다.

"죄송해요."

그때까지만 해도 그렇게 큰 충돌이 일어날 거라고 예상한 사람은 아무도 없었다. 준이는 늦게 자서 피곤했기 때문인지 곧 다시 팔꿈치를 식탁에 올려놓고 국을 떠먹었다. 된장국물과 얇게 썬 감자조각이 식탁으로 흘러내렸다. 아내의 입에서 짜증 섞인 고함이 터져 나왔다.

"또 기대는 거 봐! 너 정말 안 고칠래?"

그러자 아들도 반항기 가득한 얼굴로 짜증을 냈다.

"팔이 안 올라가는데 어떡해요?"

준이는 선배교사에게 들었던 그 패륜아처럼 엄마가 때리면 팔을 잡고 제압하려는 듯이 엄마를 노려보고 있었다. 나는 본능적으로 내가 나서서 혼내야 할 때라는 걸 직감했다.

"이 자식 보게? 엄마 말 안 들려? 너, 엄마 말씀 제대로 안 들으면 일주일 동안 게임 못 할 줄 알아!"

실은 맞을 줄 알아, 라고 말하려다가 아들이 상처를 받을까 봐 게임 이야기를 한 것이었다. 그런데 준이가 눈을 부릅뜨며 내게 대들었다.

"왜 게임을 안 해야 하는데?"

그 순간 또 하나의 직감이 나를 사로잡았다. 아들은 이미 돌이킬 수 없는 강을 건넜던 것이다. 분명코 아버지가 아들을 때리는 역할을 해야 할 시점이었다. 때려야 하는 상황이 이렇게 빨리 올 줄은 몰랐다. 5년 전에 우발적으로 심하게 때렸던 사건 이후로 나는 아들에게 한 번도 손을 댄 적이 없었다.

"너, 이 새끼. 이리 와. 이게 어디서 눈을 부라리면서 대들어."

나는 이미 아버지가 아니었다. 흥분한 수컷으로 돌변해 있었다. 내 안에 내재되어 있던 폭력성이 붉어진 얼굴과 몸에서 뜨겁게 내뿜어지고 있었다. 아들이 마지못해 거실로 따라 나왔다. 준이의 눈빛도 상대 수컷과의 싸움을 눈앞에 둔 적의와 공격성으로 빛나고 있었다. 아들도 수컷 연기를 시작했으니 그 캐릭터를 계속 밀고 나가야 했을 터였다. 하지만 그 눈 속에는 처음 맞닥뜨린 아버지의 폭력 연기 앞에서 당황하고 두려워하는 빛이 숨어 있었다.

"너 이리 와. 눈 깔아. 어디서 눈을 부라려? 눈 안 깔아?"

내 기세에 눌려 준이가 눈을 내리깔았다.

"엎드려. 너 오늘 맞아야겠어. 엎드려, 이 새끼야."

입에서 욕이 서슴없이 튀어나왔다. 아들이 불만 가득한 몸짓으로 방바닥에 엎드렸다. 베란다에서 죽도를 들고 와서 준이의 엉덩이를 힘껏 내리쳤다. 마땅한 막대기가 없어서 죽도를 들었는데, 갈라진 대나무가 두꺼운 엉덩이에 충격을 줄 리 없었다. 그 순간 이런 연기는 실패한 연기로 기억될 거라는 생각이 들었다. 때리는 연기도 제대로 때려야 그 효과가 나오는 법이기 때문이다.

"이걸로 안 되겠어……."

다시 베란다로 나가서 막대기를 찾았지만 통 보이지 않았다. 집안에

쓸 만한 매가 이렇게도 없었다니! 그때 알루미늄 청소 막대기 하나가 눈에 들어왔다. 내가 알루미늄 막대기를 들고나오자 아내와 장인어른이 말리기 시작했다.

"그만 때려요. 그러다 애 잡겠어."

"손 서방, 그만해. 교회 가는 날 왜 애를 그렇게 심하게 혼내나?"

나는 들은 체도 하지 않고 알루미늄 막대기를 번쩍 들어 올렸다.

"너 오늘 제대로 맞아 봐."

엄마와 할아버지의 만류에 힘을 얻었는지 준이가 벌떡 일어섰다.

"아프단 말이에요."

녀석은 얼굴에 잔뜩 겁을 집어먹은 채 맞지 않으려고 저항했다. 비로소 수컷의 연기를 포기한 것이었다. 그러자 내가 더 흥분하여 소리를 질렀다.

"어쭈? 똑바로 안 엎드려?"

준이는 어정쩡한 자세로 서서 어떻게든 매를 막아보려 했다. 어설픈 액션 연기는 아무 효과가 없었으므로 나는 아들을 더 세게 몰아붙였다.

"안경 벗어!"

내가 안경을 벗기려 하자 준이가 얼른 안경을 붙잡았다. 내 입에서 사나운 욕이 튀어나왔다.

"계속 말 안 들으면 손 날아간다. 엎드려!"

나의 걸쭉한 욕 연기를 듣고 난 준이가 울상을 지으며 다시 엎드렸다. 나는 알루미늄 막대로 내려치기 전에 확인하듯 물었다.

"네가 뭘 잘못했는지 알아?"

"네……."

"뭘 잘못했어?"

준이가 금방 대답했다.

"팔 대고 밥 먹은 거랑, 엄마한테 대든 거요."

머리가 좋은 녀석이라 알기는 잘 알고 있었다.

"너, 엄마가 팔꿈치 들고 먹으라고 했는데 못 하겠다고 했지? 그건 아들 안 하겠다는 거잖아. 그럼, 우리도 부모 안 할 거니까 그렇게 알아. 네가 말해봐. 몇 대 맞아야겠어?"

아들이 울먹이며 대답했다.

"두 대요."

"세 대!"

내가 알루미늄 막대기를 내려놓고 죽도를 다시 들며 말했다.

"똑바로 안 맞으면 알루미늄 막대기로 맞는다."

아, 나는 액션 연기의 절정에서 그만 열정을 꺾고 말았던 것일까. 아니었다. 사실은 나는 그 순간까지 '아들을 때리는 연기'를 하지 못하고 있었다. 연기를 하려 했던 게 아니라 그냥 감정의 홍수 상태가 되어 아들을 때리려 했던 것이었다. 그 말을 한 순간 불현듯 지금 내가 '아들을 때리는 연기를 하고 있음'을 자각했다. 액션 연기에서는 실제로 때리는 듯 보이는 것도 중요하지만, 때리는 효과가 나게 하는 것이 더 중요한 법이다.

나는 죽도로 있는 힘껏 아들의 허벅지를 내리치며 풀 스윙하는 연기를 보여주었다. 죽도의 갈라진 대나무들은 소리는 크게 증폭시키면서 충격은 형편없이 완화시켜주었다. 내 손은 마치 곰의 다리를 때리는 것 같은 느낌을 받았다. 두 대를 때리고 나서 내가 말했다.

"가봐."

나는 한 대를 줄여줌으로써 아량 있는 아버지의 모습까지 연출하고자

했다. 하지만 아들은 그런 연출에 아랑곳없이 불만이 가득한 얼굴로 식탁으로 돌아갔다. 그 모습을 보자 연기로 전환하여 실제 상황으로 밀어붙이지 않은 것이 다시 후회가 됐다. 제대로 맞았더라면 저런 표정을 지을 생각은 상상도 할 수 없었을 거라는 마음이 들었기 때문이다. 하지만, 그게 그런 게 아니라는 것을 나는 어렴풋이 알고 있었다. 아버지의 폭력 앞에 무릎을 꿇는 것이야말로 아들의 '연기'일 뿐이라는 것을 말이다. 그러면서 무의식에서는 자신도 모르게 복수의 칼을 갈게 된다는 것을.

식탁에 다시 앉은 준이는 몇 숟가락 뜨는 둥 마는 둥 했다. 나는 아들과 마주 앉아 밥 먹는 게 멋쩍어서 밥맛이 없는 척 화장실로 들어가 양치질을 했다. 내가 나오자마자 준이가 욕실로 씻으러 들어갔다. 그렇게 좋아하던 밥을 고스란히 남긴 채 말이다. 아들도 밥맛이 없다는 연기를 하면서 내게 무언의 저항을 하고 있는 것이었다.

"왜 밥을 먹다가 말고 이를 닦아? 와서 밥 먹어."

아내의 신경질적인 말투에는 언짢은 감정과 속상한 심경이 뒤얽혀 있었다. 식탁 위에 준이와 내가 먹다 남긴 밥그릇들이 덩그러니 놓여 있었다. 막 숟가락을 들다가 소란이 난 것이었기 때문에 밥이 수북이 쌓여있었다.

"밥 먹게. 어여 먹고 교회 가야지."

장인어른에게까지 밥 독촉을 받고 나니 다시 먹어야 하나 잠시 고민이 되었다. 내가 못 이기는 체하고 다시 식탁에 앉으려던 순간이었다. 욕실에서 나온 아들이 나를 빤히 쳐다보고 있는 게 느껴졌다. 자신에게 상처를 입히고 아침밥 맛까지 떨어지게 한 아버지가 어떻게 하는지 두고 보겠노라는, 의심과 불신이 가득 찬 눈초리였다. 절체절명의 연기력이 필요한 순간이라는 것을 직감한 내가 심드렁한 목소리로 아내에게 말했다.

"됐어. 이런 기분으로 무슨 밥을 먹어. 그냥 버려."

아내가 우거지상을 지으며 밥그릇에 있던 밥덩이를 통째로 개수대에 버렸다. 그날의 액션 씬에서 나의 연기는 마지막 장면이 가장 리얼했다.

아이의 인생 드라마에서
부모는 조역에 머물러야 한다

나는 아들이 엄마에게 대든 시점부터 자주 혼내는 아버지로 살았다. 준이의 생활에 개입할수록 나는 '분노를 드러내는 방식'으로 아들과 소통하게 되었다.

그러나 '혼내는 아버지 배역'은 내가 원해서 받은 게 아니었다. 아내가 중2 아들에게 두 손을 들었기 때문에, 아무런 준비도 돼 있지 않은 상태에서 어정쩡하게 받아든 '배역'이었다.

참 이상한 일이었다. '배역'은 엄청난 힘을 갖고 있었다. 나는 '배역'에 잡아먹힌 사람처럼 아들을 혼내고, 혼내고, 또 혼냈다. 그 이전엔 결코 그런 아버지가 아니었는데 말이다.

준이는 갑자기 변해버린 아버지의 모습에 적잖이 당황했으며, 나를 슬슬 피하기 시작했다. 사실 아들보다 나를 더 뜨악하게 바라본 이들은 아내와 딸이었다. 나는 마치 꼭두각시 인형처럼 새롭게 받아든 '배역'에 조종당하고 있었다. 아들과 가족코믹액션씬을 찍은 직후의 나는 한 마리 고독한 늑대처럼 외로운 존재였다.

아들을 때린 다음 날 가족회의를 열었다. 실로 오랜만에 부모 자식 간의 허심탄회한 대화가 이루어졌다. 월요일 아침에 아내가 회의를 제안했을 때, 나는 흔쾌히 동의했다. 뿐만 아니라 퇴근 후 오징어와 쥐포, 아이스크림 등 먹을 것들을 잔뜩 사들고 곧장 집으로 돌아왔다.

회의 결과, 준이는 학원에 다니면서 일주일에 책을 두 권씩 읽기로 했고, 진이는 학교에 다녀와서 숙제와 학습지부터 먼저 하기로 약속했다. 나는 월요일과 일요일에는 도서관에 가지 않고 가족과 함께 시간을 보내기로 약속했다. 회의가 끝날 즈음에 예상치 못했던 준이의 모습을 보게 되었다. 녀석은 그동안 아버지가 가족들과 함께 시간을 보내지 않았던 것에 대해 섭섭함을 토로하며 눈물을 글썽이기까지 했다. 그런 아들의 모습을 보면서 나는 그동안 내 시간만 챙겨온 것에 대해 뜨거운 반성을 하지 않을 수 없었다.

내게도 변명할 말은 있었다. 내가 꿈꿔왔던 가정의 모습은 온 가족이 텔레비전에 빠져 있는 것이 아니라, 거실에 둘러앉아 아름다운 음악을 들으며 책을 읽는 것이었다. 그러나 집에 돌아왔을 때 내가 볼 수 있었던 풍경은 빨려들어 갈듯 텔레비전 앞에 앉아 있는 모녀와 컴퓨터 앞에서 게임에 빠져있는 아들이었다. 그런 모습을 볼 때마다 속에서 치밀어 오르는 화를 삭이기가 쉽지 않았다. 그것은 아내의 세계였고, 어머니의 세계였다. 그 세계는 난공불락의 요새 속에서 보호를 받고 있었다. 나는 아내의 세계를 인정할 수밖에 없었고 나만의 세계를 찾아 가정을 떠날 수밖에 없었다. 그렇게 나의 세계와 아내의 세계는 분리되어 갔고 나는 점점 외톨이가 되어갔다.

나도 모르게 역할에 잡아먹혀 버리다   준이는 일주일 동안 한 번도 약속을 지키지 않았다. 책을 읽기는커녕 책을 잡는 시늉조차 하지 않았다.

그런 아들의 모습을 볼 때마다 '오늘은 책 좀 읽지'라는 말이 목구멍까지 차올랐지만 꾹 참았다. 집에 준이가 읽을 만한 책이 몇 권 없기도 했기 때문이었다.

회의 후 일주일 째 되던 날, 나는 학교 도서관에서 책 열 권을 빌려 들고 부랴부랴 집으로 돌아왔다. 준이는 학원에 가기 위해 혼자서 밥을 먹고 있었다. 내가 책을 소파에 내려놓으며 말했다.

"준이야. 아빠가 책 많이 빌려왔어. 한 번 볼래?"

아들이 귀찮다는 얼굴로 대답했다.

"잠깐만, 밥부터 먹고."

내가 책을 식탁 근처 의자 위에 옮겨놓으며 다시 재촉했다.

"그러지 말고 한 번 와서 봐. 어떤 게 마음에 드나……."

준이가 마지못해 다가와서 책을 훑어보다가 헤로도토스의《역사》만화를 가리키며 말했다.

"이거, 선생님이 읽어보라고 하신 거네."

성의 없이 말하고 난 녀석은 곧 심드렁한 표정으로 식탁으로 돌아갔다. 순간 아들에 대한 섭섭한 감정이 물밀 듯 올라왔다. 물론 크게 반길 거라고 기대하진 않았다. 그러나 고마워하는 시늉은커녕 노골적으로 불만스러워하는 모습을 보니 물먹은 솜처럼 분이 차올랐다. 화를 내리누르며 내가 말했다.

"준이야, 힘들더라도 책은 약속한 대로 두 권씩 읽어라."

아들의 대답이 들리지 않았다. 내가 조금 언성을 높이며 물었다.

"야! 대답 안 하냐?"

옆에서 줄곧 불안한 얼굴로 지켜보던 아내가 대신 대답했다.

"응, 이라고 했어. 두 번 말하기 싫대."

"왜 대답이 작아!"

퉁명스러운 목소리로 불만을 표출하며 나는 일단 넘어갔다.

잠시 후 식탁에서 아내와 딸과 함께 저녁을 먹는데 진이가 밥을 먹다 말고 유행가를 흥얼거렸다. 동생의 노래가 무슨 신호라도 된 듯 욕실에서 씻던 준이까지 랩을 흥얼거리기 시작했다. 두 아이의 시끄러운 노랫소리가 불편했던 내 심기를 계속 자극했다. 평소 같았으면 그러려니 했을지도 모른다. 그러나 마음에 화가 잔뜩 들어차 있었기 때문에 참기가 힘들었다. 딸의 노래 소리보다 분노에 불씨를 지핀 아들의 랩 소리가 당연히 더 거슬렸다. 아내가 내 안색을 살피며 딸을 나무랐다.

"진이야, 노래 좀 그만 불러. 네 오빠랑 네 노래 때문에 시끄러워 죽겠다."

엄마가 자신만 혼내자 진이 입에서 불만이 터져 나왔다.

"엄마는 나한테만 그래!"

그때 준이가 욕실에서 나오며 랩을 더 크게 흥얼거렸다.

"준이! 노래 좀 그만 부르자."

내가 들어도 딱딱하고 공격적인 목소리였다. 준이가 기분 나쁘다는 표정으로 나를 힐끗 쳐다본 후에 안방으로 들어갔다.

"저 자식이……!"

아들을 다시 불러 세우려는 순간, 아내가 나를 나무랐다.

"왜 뜬금없이 준이를 혼내?"

그 순간 분노를 덮고 있던 가슴속 뚜껑이 부글거리는 게 느껴졌다.

"당신은 왜 진이한테만 노래 부르지 말라고 그래? 왜 아들놈한테 그렇게 쩔쩔매는 거야?"

"준이는 금방 학원에 갈 거잖아. 영문도 모르는 애를 그렇게 혼내면 어떻게 해?"

아내에 이어 딸까지 나를 이상하다는 눈으로 쳐다보고 있었다. 간첩이라도 된 듯한, 지독한 고립감이 느껴졌다. 마침내 내 속에 있던 폭탄이 터졌다.

"에이, 씨! 집에 들어오기가 싫어. 마음에 드는 인간이 하나도 없어. 아빠가 무겁게 책 들고 왔으면 관심이라도 좀 보여야지. 인상이나 박박 쓰고……."

아내가 안절부절못하며 나를 다그쳤다.

"왜 그래? 밥이나 먹고 빨리 나가."

그러나 한 번 날이 선 분노의 칼끝은 결국 아들을 향하고 말았다.

"야, 준이! 이리 와봐."

아내가 펄쩍 뛰며 물었다.

"왜?"

아내의 말을 무시하며 더 크게 소리를 질렀다.

"이리 오라니까!"

한 번 프로그램된 '혼내는 아버지' 캐릭터는 좀처럼 뇌에서 떨어져 나가지 않았다. 준이가 긴장한 얼굴로 제 방에서 나왔다.

"야! 너, 아빠가 책 갖고 온 거 기분 나빠?"

아들이 겁먹은 얼굴로 대답했다.

"기분 안 나쁜데요……."

내 눈은 아들을 잡아먹을 듯 노려보고 있었다.

"아빠가 무겁게 들고 왔으면 관심이라도 좀 보이고……, 아빠가 약속한 대로 책 두 권씩 읽으라고 하면 대답이라도 해야지. 왜 그렇게 인상만 박박 쓰고 있어?"

준이가 난감한 얼굴로 변명을 했다.

"좋다고 그랬는데요. 사회 선생님이 오디세이 좋으니까 읽어보라고 했다고 그랬고……."

아버지의 폭압은 아들로 하여금 빠르게 비굴한 연기를 하게 만들었다. 아내가 울 것 같은 표정으로 아들을 두둔했다.

"아까 좋다고 했다니까……."

아내가 서둘러 아들을 내보냈다. 준이는 모래를 씹은 얼굴로 집을 나섰다. 한 번 어긋나기 시작한 부자 관계는 계속 삐걱거렸다. 준이와 나는 틈이 벌어진 나뭇가지처럼 점점 찢어져 가고 있었다.

점점 괴물이 되어가던 아버지 캐릭터 준이는 그후에도 책을 거들떠보지 않았다. 그런 아들의 모습을 볼 때마다 가슴속에서 불이 났고 표정이 점점 굳어져 갔다. 준이는 시험 대비 기간이라는 이유로 중간고사 4주 전부터 11시가 넘은 시각에 학원에서 돌아왔다.

뭔가 크게 잘못되어 가고 있었다. 아들은 집에 와서도 학원 숙제며 학교 숙제를 한다고 방바닥에 엎드려서 끄적거리곤 했다. 숙제하는 틈틈이 동생 핸드폰으로 게임을 하느라 취침시간이 더 늦어졌기 때문에 아내와 나는 새벽 한 시가 넘어서야 잠자리에 들 수 있었다.

아내는 힘들게 공부한다는 이유로 아들을 한없이 관대하게 대했다. 거구의 남자가 돼버린 아들 녀석이 두려워서 화를 내지 못하는 것이기도 했다. 몇 달 전까지만 해도 아내는 아들을 한 손에 꽉 쥐고 흔들었다. 생각해보면 그때가 참 좋은 시절이었다. 아내가 아들을 통제할 수 있었다면, 내가 이런 악역을 맡지 않아도 되었을 테니 말이다.

나는 당시 바뀐 캐릭터에 너무 몰입하고 있었다. 아들의 마음속에서 자라고 있는 공격성과 폭력성을 제어할 사람이 나밖에 없다고 믿었던 것이다. 그리하여 지속적으로 아들의 행동을 지켜보면서 아들이 위험한 선을 넘을 때마다 단호하게 혼내는 역할을 떠맡았다. 지금 당시를 다시 떠올려보면, 나는 '혼내(기만 하)는 아버지' 배역에 잡아먹힌 것이었다. 그것은 아들과 함께 있는 시간마다 신경을 날카롭게 집중해야 하는 일이었으므로 매우 성가시고 피곤한 일이었다. 언제까지 아들과 날 선 긴장관계를 지속해야 할지도 알 수 없었다.

다음 날 집에 도착해보니 준이가 안방에 엎드려서 학원 숙제를 하고 있었다. 학원 버스를 타야 할 시간이 십 분쯤 남아있었다. 내가 최대한 억압하지 않으려는 목소리로 말했다.

"준이야, 숙제는 네 방 책상에 가서 해라."

아들이 숙제에 열중하며 대답했다.

"조금 남았으니까 그냥 할게."

조금 남았으니까 그냥 하면 안 되느냐고 아들이 허락을 구했다면 쉽게 승낙했을지도 몰랐다. 내 마음은 아들의 단정적인 문장을 아버지에 대한 무시라고 받아들였다.

"책상에 가서 숙제하라고 그랬지! 여긴 엄마 아빠가 쉬는 공간이야."

마치 데자뷔를 보는 듯했다. 아들과 나는 똑같은 연기를 반복하고 있었던 것이다. 내 입에서 엄하고 딱딱한 대사가 튀어나갔고, 아들이 기분 나쁜 표정으로 공책과 참고서를 들고 방에서 퇴장하는 연기를 보여주었다. 방바닥에 남아 있던 필통과 교과서가 나의 적대감을 더 자극했고, 기어코 꾹꾹 억누르고 있던 화가 터져 나왔다.

"여기 있는 건 뭐야? 빨리 와서 안 가져가!"

불같이 화난 목소리를 듣고 난 준이가 재빨리 달려와서 필통과 교과서를 챙겨갔다. 아내가 안방으로 들어오며 지친 얼굴로 통사정했다.

"큰 소리 좀 내지 마. 나 요즘 불안해서 못 살겠어."

내가 고집스럽고 무뚝뚝한 목소리로 대답했다.

"그럼, 저놈 계속 버릇 나빠져서 안 돼. 당신이 참아."

아이의 드라마와 부모의 드라마는 다르게 흐른다

아들과 코믹액션씬을 찍은 이후로 우리 부자의 드라마는 막장으로 치닫는 듯했다. 나는 계속 혼내는 아버지 역을 하게 됐고, 준이는 혼날 짓을 하는 아들의 배역으로 고정되어 갔다. 그 여파로 나는 지금도 이따금 아들을 상대하다가 어색한 아버지 연기를 하게 되곤 한다.

그래서 준이가 중2였을 때 그런 갈등 드라마의 주인공 배역을 맡았던 것이 지금까지도 못내 후회로 남아 있다.

그때 나는 주역을 맡지 말았어야 했다. 그저 조역에 머물렀어야 했다. 사춘기 이후의 아이에게 부모란 늘 조연이어야 한다는 것을 나는 너무 늦게 알았다. 아들의 인생 드라마에서 내가 주인공이 되려 하다니……. 부모는 부모 드라마의 주인공이 되어야 하는데 말이다!

공부도 그렇지 않은가. 성적은 아이의 드라마에서 벌어지는 일이다. 부모는 '이게 공부를 잘할 수 있는 길일까' 하며 조역을 해주면 되는 것이다. 그 길을 가느냐, 가지 않느냐는 주인공이 결정하는 것이다.

부모는 자신의 드라마에서 '자기 공부'를 성취하는 게 맞다고 본다. 학창 시절 못다 한 공부를 계속할 수도 있을 것이고, 대학원이나 평생대학에 가서 흥미 있는 분야를 파고들 수도 있을 것이다. 그것이야말로 자기 인생의 주인공이 되는 길이다. 아이가 그런 부모의 인생 드라마를 본다면 '아, 공부는 즐거운 거구나'라고 느끼지 않겠는가.

아이의 인생 드라마와 부모의 인생 드라마는 다르게 전개되고 다르게 종결된다. 그런데 이 사실을 잊고서 아이의 드라마를 자신의 것인 양 착각하는 부모가 많다. 특히 사춘기 이후 아이의 인생 드라마는 아이가 주인공이 되게 해주어야 한다. 그럴 때 부모도 자신의 드라마에서 주인공으로 우뚝 설 수 있을 것이다. 또 그래야만 자신의 드라마에서 스스로 주인공이 될 수 있다.

나는 '아이의 공부'에 주역이 되려고 했던 부모들과 똑같은 오류를 범했다. 단지 '아이의 공부'가 아니라 '아이의 독서'였다는 점이 달랐을 뿐이었다.

아들의 드라마에서 주역을 차지하려 할수록 나는 점점 준이를 망치는 존재가 되어갔다. 나의 배역을 전면수정하지 않는다면 가족극이 파탄 날 위기가 다가오고 있었다. 내 역할의 터닝포인트가 필요했다.

인생에도 프레그넌트 모먼트가 필요하다

영화에서 모든 이야기를 압축적으로 보여주는 지점을 '프레그넌트 모멘트pregnant moment'라고 한다. 'pregnant'가 '임신한' '의미심장한'을 뜻하는 것처럼 영화에서 이야기가 결정적으로 전환되는 '티핑 포인트'에 해당되는 순간이다. 프레그넌트 모멘트라는 말을 꺼내게 된 이유는, 우리 인생에서도 이런 순간이 필요하다는 말을 하고 싶었기 때문이다.

가장 인상적인 프레그넌트 모멘트를 꼽으라면 나는 주저 없이 영화 〈인생은 아름다워〉의 한 장면을 뽑겠다. 〈인생은 아름다워〉는 나치에 의해 어린 아들과 함께 수용소에 갇힌 아버지가 아들을 살리기 위해 희극을 연기하는 이야기이다. 때는 2차 대전의 막바지에 이르러 연합군의 승리가 임박한 시점이었다. 아버지는 아들을 비밀 장소에 숨긴 뒤 "네가 여기서 끝까지 잘 숨어있으면 연합군 탱크가 너를 태우러 올 거야"라고 말한다. 그리고 감동적인 아버지의 마지막 장면. 그는 아들이 지켜보고 있던 곳에서 독일군에게 총살당하기 위해 끌려가는 동안 팔과 다리를 우스꽝스럽게 흔들면서 행진하는 걸음을 보여준다. 아들의 '숨어있기 게임'을 지켜주기 위해서 비극적인 상황에서 희극을 연출한 것이다. 이 장면이 바로 프레그넌트 모멘트이다. 이어서 아버지는 아들이 보지 못하는 곳에서 총살을 당한다. 그리고 아들은 끝까지 비밀장소에서 잘 숨어 있다가 연합군 탱크를 본 후에야 밖으로 나와 목숨을 구한다.

이번엔 2차 세계 대전이라는 거창한 이야기가 아니라 우리의 일상을 다룬 영화에서 프레그넌트 모멘트를 찾아보자. 나에게 〈과속 스캔들〉은 기분이 가끔 다운됐을 때 다시 보고 싶은 영화 1위인데, 그 영화 속의 한 장면이다.

차태현이 분한 아버지의 딸 황정남(박보영)이 오디션에서 아버지의 노래인 '선물'을 부르는 장면이 프레그넌트 모멘트이다. 정남이 처음 노래를 시작했을 때는 심사위원들의 반응이 별로 시원치 않았다. 그러다 갑자기 무대 뒤에 있던 커튼이 열리면서 코러스가 등장한다. 딸을 부담스러워하는 줄만 알았던 아버지가 언젠가 무심히 했던 약속을 지킨 것이었다. 그 순간 정남의 얼굴에서 '아빠!'하는 표정이 떠오르고, 이전에 시시했던 노래가 어마어마한 열창으로 바뀌게 된다. 그 열창의 순간이 영화의 티핑 포인트이다.

소소한 일상과 끊임없는 갈등으로 점철되는 우리의 인생 드라마에도 때로 '프레그넌트 모멘트'가 필요하다. 내가 '혼내기만 하는 아버지' 배역에서 좀처럼 내려오지 못했던 준이의 중2 시절이 그러했다. 다행히도 그때 프레그넌트 모멘트가 내게 찾아왔다. 아내의 영혼이 담긴 눈물을 본 순간이었다.

아들을 크게 혼냈던 날에도 나는 홀로 도서관으로 향했다. 나를 반겨줄 곳이 그곳밖에 없어서였는지도 몰랐다.

도서관에서 책을 펼쳤지만 글자가 눈에 들어오지 않았다. 왜 이렇게 나빠지고 말았을까. 나는 왜 내가 그토록 경멸했던 아버지 캐릭터를 연기하고 있는 걸까. 노트북을 덮고 도서관을 빠져나와 연푸른 이파리가 움트는 나무들이 늘어선 공원을 걸으며 생각에 잠겼다. 나는 지금 무엇을 하고 있는가. 아들에게 삶의 바른 태도를 가르치려는 건가, 아들을 내 욕망과 잣대에 끼워 맞추려는 건가. 나는 준이가 내 머릿속에 있는 이상적인 사람으로 자라는 걸 원치 않는다고 생각했었다. 아들이 참된 자신이 되기를 바란다고 생각했었다. 그러나 머릿속의 잣대를 버리기란 너무도 힘든 일이었다.

나는 준이를 작년 우리 반 모범생이었던 명수와 자주 비교해 왔다. 명수는 초등학교 때부터 전교 1등을 한 번도 놓치지 않은 아이였다. 그 아이는 학원에 가기 전에 집에서 매일 1시간 30분 동안 책을 읽고 있는데 그 시간이 가장 소중한 시간이라고 말했었다. 나는 무수히 많은 아이 중에서 전교에서 가장 훌륭한 아이와 아들을 비교하고 있었던 것이다.

일단 아들과 소통하는 일이 시급하다는 생각이 들었다. 아들과 소통하기 위해서는 아내와 먼저 통해야 했다. 내 생각과 잣대를 내려놓고 아내와 아들의 마음에 귀 기울여야 했다. 나로 말미암은 가족의 단절과 고통이 더 이상 방치할 수 없는 상태에 이르러 있었다.

그날은 평소보다 일찍 귀가했다. 집에 도착하자마자 아내에게 말했다.

"내가 생각해봤는데 말이야. 일요일마다 가족회의를 하는 게 어때? 맛있는 거 먹으면서 자기 생각을 자유롭게 얘기하는 거야. 어때, 괜찮겠지?"

"그래, 좋아."

아내의 얼굴에 모처럼 환한 웃음이 떠올랐다. 나는 욕실로 들어가서 뿌듯하고 낙관적인 전망에 취한 채 샤워를 했다. 샤워를 마치고 물기를 닦는데 안방 텔레비전에서 예능 프로그램의 떠들썩한 소리가 들려 왔다. 그 순간 마음속 불만 프로그램이 작동되기 시작했다. 곧 아들이 학원을 마치고 올 시간인데 텔레비전을 크게 켜 놓고 있다니! 집에 도착한 준이는 책 읽을 생각은커녕 연예인들을 따라 웃다가 한 시간을 허비할 것이다. 그런 생각이 떠오르자 억눌려 있던 분노 프로그램이 망설임 없이 실행되었다. 욕실에서 나온 내 입에서 거친 말이 쏟아져 나왔다.

"집에서 그렇게 텔레비전 보고 있으면, 아들이 돌아와서 책 읽고 싶어지겠냐?"

예기치 못했던 호통에 놀란 아내가 멋쩍은 웃음을 지으며 말했다.

"여태 진이 숙제 봐주고 지금 좀 보면서 쉬는 거야. 준이 오기 전에 끌 거야……."

나는 가슴속에 담아두고 참으려 했던 말을 끄집어내고 말았다.

"오늘 우리 반 엄마가 찾아왔는데 자기 아들이 학원 안 다니고 집에서 공부하기 때문에 '꽃보다 청춘' 안 본다고 하더라. 우리 집처럼 맨날 텔레비전이나 보고 있으면 가뜩이나 책 안 읽는 애가 더 읽기 싫어하는 거야, 알아?"

내 말은 아내의 신경을 박박 긁어버리고 말았다. 여배우들이 특히 다른 배우와 비교하는 것을 극도로 싫어하는 걸 알면서도 나는 '나쁜 대사'를 쳤던 것이다.

"만날 책, 책, 책! 애들이 지겨워서 책 읽기 싫어지겠다. 난 중학교 때 책 안 읽었어도 잘만 컸어. 당신은 집에 오면 인상만 박박 쓰고 있잖아."

"그럼 텔레비전만 보고 있는데 인상이 안 써져? 가족회의에서 책 읽겠다고 약속한 놈이 한 번도 안 읽었잖아. 내가 학교에서 가져온 책은 두 주째 소파 위에 그대로 있어. 약속한 건 지켜야 할 거 아니야. 약속을 하지 말던가!"

아내가 격앙된 목소리로 소리를 질렀다. 나에 대해 넌덜머리가 난 목소리였다.

"당신은 인간에 대한 이해가 너무 부족해. 글만 쓰면 뭐해? 애가 학원에서 힘들게 공부하고 왔다는 생각은 안 해? 난 학원에서 공부하고 온 애한테 책 읽으라는 말 못 해. 당신이 다 해. 난 몰라."

나를 향한 눈빛에 출렁거리는 경멸이 담겨 있었다. 불과 30분 전에 아내와 소통하자고 그렇게 다짐했건만, 모든 게 수포로 돌아가고 말았다. 내가 자포자기하며 말했다.

"알았어. 이제부터 신경 끊을게. 애들이 책 읽든지 말든지 난 몰라. 당신이 다 알아서 해!"

내일부터는 나 하고 싶은 대로 다 하면서 살리라 마음먹었다. 밤 열두 시 한 시가 넘도록 실컷 책이나 읽고 오리라 작심했다. 그래 봤자 가족들에게 철저히 이방인이 되는 길에 지나지 않았지만 말이다.

"나도 너무 힘들어……."

아내의 목소리에 울음이 섞여 있었다. 정신이 번쩍 났다. 아내는 침대에 엎드려 울기 시작했다.

"나도 다 신경 끊고 당신처럼 나가서 하고 싶은 거 다 하면서 살고 싶어. 엄마도 하기 싫고, 주부도 하기 싫다고……. 이젠 지쳤어. 다 지긋지긋해."

아내는 몸속에 에너지가 하나도 남아 있지 않은 사람 같았다. 뇌의 신경

세포가 다 닳아서 곧 끊어질 것 같은 얼굴이었다. 그것은 영혼의 깊은 곳에서 솟아 나오는 진정한 연기였다. 그것이 '프레그넌트 모멘트'였음을 나는 나중에 알게 되었다. 박보영이 '아빠!'하는 표정을 지었던 것처럼, 나도 무의식에서 '여보!'라고 외치고 있었다. 하지만 나의 의식이 그런 외침을 인식하고 행동을 변화시키게 되는 데까지는 얼마간의 시간이 더 필요했다.

홈드라마는 엄마를 중심으로 돌아간다 30분 뒤 준이가 학원에서 돌아왔다. 아들은 거실에서 청소기를 돌리고 있던 아버지는 쳐다보지도 않고 안방에 있는 어머니한테만 인사를 했다.

"다녀왔습니다."

안방으로 들어갔던 준이는 잠시 후 어리둥절한 얼굴로 자기 방으로 들어갔다. 엄마의 심각한 모습을 보고 충격을 받은 모양이었다. 아내와 진이가 곧 준이를 따라 아들 방으로 들어가는 게 보였다. 나는 벌레 씹은 표정으로 계속 청소기를 돌렸다. 청소기를 갖다놓고 걸레질을 할 때쯤 딸이 아들 방에서 나왔다. 내가 넌지시 물었다.

"그 방에서 무슨 얘기 한 거야?"

진이가 조금 난처한 웃음을 지으며 대답했다.

"응, 엄마랑 아빠랑 오빠 때문에 싸웠다고……."

그때 준이가 방에서 나왔다. 준이는 소파 위에 있던 책 중에서 교양만화 두 권을 집어 들었다. 헤로도토스의 《역사》와 마르크스의 《자본론》이었다. 준이가 책을 들고 와서 내게 물었다.

"아빠, 어떤 거 먼저 읽어야 해? 이게 1번인데, 좀 어려운 거 같아."

아들의 손가락이 《자본론》을 가리키고 있었다. 내가 어느새 밝아진 표정으로 대답했다.

"《역사》부터 읽어. 어려운 건 다음에 읽고."

준이가 소파에 앉아서 책을 읽기 시작했다. 나도 청소를 끝내고 거실 컴퓨터 책상에 앉아 책을 읽었다.

"아함, 졸려. 그만 읽고 자야겠다."

책을 펴든 지 20분 만에 준이가 졸린 얼굴로 말했다. 아들이 책 읽는 성의를 보였다는 사실만으로도 나는 기특했다. 그러니까 아들은 아버지를 위해 연기를 해준 것이었다. 그런 연기는 상대의 마음을 풀어지게 하는 마력을 갖고 있다. 내가 12시 30분을 가리키고 있는 시계를 보며 말했다.

"그래, 준이야. 졸리면 들어가서 자. 아빠도 졸려서 자야겠다."

다음 날 아침 준이가 엄마에게 숙제한 것을 보여주며 말했다.

"엄마. 이거, 어제 자기 전에 도덕숙제 다 한 거야. 선생님이 부모님께 편지 쓰기 해오라고 했는데 엄마한테만 썼어."

아내가 편지를 슥 훑어보고 나서 말했다.

"음, 잘 썼네."

아침밥을 먹고 난 아들은 이렇게 인사를 하고 집을 나섰다.

"엄마, 다녀올게요."

그제야 나는 알게 되었다. 우리 가족의 드라마는 아내를 중심으로 돌아가고 있다는 것을. 아역 연기자들이 아버지가 주인공 역을 하려는 것에 대해 저항하고 있다는 것을 말이다. 홈드라마의 주인공은 늘 엄마가 아니었던가.

이제 어쭙잖은 주연 노릇에서 내려와야 할 때라는 생각이 들었다. 주인공 배역을 과감히 벗어던져야 할 때였다. 하지만 우리 가족의 드라마에선 아직 주연을 맡을 사람이 없었다. 아내 역시 아들과의 연기에 실패한 이후로 좀처럼 주인공의 자리에 오르려 하지 않았기 때문이다.

우리 가족의 홈드라마는 제대로 진행되지 못하고 있었다. 연기, 대본, 연출 등 뭐 하나 제대로 되는 게 없었다. 이건 우리가 바라던 시나리오가 아니었다. 연출가를 교체하든지, 드라마를 엎어버리든지 선택을 해야 할 때였다.

홈드라마에서는
엄마의 배역이 빛나야 한다

어떤 분야에서든 뛰어난 성취를 이룬 사람들은 공통적으로 높은 '자기이해지능'을 갖고 있다고 한다. 우리가 인생에서 '성공'이나 '성취'라고 일컫는 것들의 기본에는 인간관계가 깔려 있다. 자기이해지능이 높은 사람은 자신의 감정 상태를 정확하게 이해하므로 다양한 인간관계 속에서 그것을 원하는 방향으로 조절할 능력을 갖고 있다.

우리는 사춘기 아이들이 '자기이해지능'이 낮다는 것을 잘 알고 있다. 그들은 왜 자기이해 능력이 낮은 것일까? 나는 그것이 사춘기 아이에게 '역할'이 주어지지 않았기 때문이라고 생각한다. 자기 배역이 없는 연기자를 한 번 생각해보자. 그가 연극 속에서 자신을 어떻게 이해할 수 있겠는가.

내가 다니는 교회의 여집사님 한 분이 미혼모 보호소에 봉사활동을 간적이 있었다. 그 집사님은 이전에 텔레비전 프로그램에서 봤던 미혼모들처럼 그곳의 여성들도 자신의 과오를 반성하며 얼마간 숙연한 자세를 취할 거라는 기대를 가졌었다고 한다. 하지만 그녀가 만난 십대 미혼모들은 아무 거리낌도 없다는 듯이 웃고 짓 까불며 떠들어댔다. 집사님은 '자신이 낳은 아기가 곧 누군가에게 입양되거나 보육원으로 보내질 텐데, 어떻게 이럴 수 있을까'하는 의문이 생겼다고 한다.

나는 조금 다른 시각에서 그 미혼모들의 행동을 해석했다. 그 소녀들은 준비가 되지 않은 상태에서 '엄마'라는 배역을 맡은 이들이었다. 그것도 엄마라는 정상적인 배역이 아니라 '미혼모'라는 임시 배역이었다. '엄마'는 주위에 그 역할을 하는 이들을 무수히 접할 수 있는 배역이므로 어떻게 행동해야(연기해야) 할지 충분히 배울 수 있는 역이다. 하지만 '미혼모'의 배역은 그들이 한 번도 접해보지 못한 역할이다. 그러니까 '실체가 잡히지 않는' 배역인 셈이다. 그럴 때 인간은 '되는 대로 아무 가면(배역)'이나 집어 쓰고 연기하게 된다. 그녀들도 성급하게 '과장되고 호들갑스럽고 뻔뻔한 가면'을 쓰고 행동한 것일 터였다. 겉으로는 뻔뻔한 엄마들처럼 보였지만, 그 이면에는 극도의 수치심과 죄책감 속에서도 아기의 생명을 살린 숭고한 모성이 깃들어 있었다.

사춘기 아이가 자기모순적이고 위악적이기까지 한 행동을 할 때는 갑자기 엄마가 된 미혼모들의 심리 상태와 비슷하다고 봐야 할 것 같다. 지금 자신이 어떤 배역을 연기해야 할지 감을 잡지 못하고 있는 것이다. 그럴 때 이 햇병아리 연기자를 구원하는 것은 극의 중심을 잡아주는 핵심 연기자이다. 초보 연기자도 중심인물의 연기에 호흡을 맞춰가다 보면 어느덧 자기 배역의 감을 잡게 되기 때문이다.

아들의 사춘기가 절정이었을 때, 우리 가족의 홈드라마에는 극의 중심을 잡아주는 연기자가 없었다. 그로 인해 지지부진하게 이어지던 드라마는 한 사건을 계기로 중심인물을 새롭게 세움으로써 변화의 계기를 마련하게 되었다.

이 지겨운 갈등 드라마의 끝은 어디인가

거실 컴퓨터 앞에 앉아있던 나는 안방에서 느닷없이 들려오던 아내의 고함소리를 듣고 깜짝 놀랐다. 또 준이 녀석이 엄마의 속을 긁어놓은 모양이었다. 이놈의 갈등 시나리오는 언제까지 계속될 것인가. 아내의 반응은 예상보다 더 심각했다.

"나가! 너 같은 놈하고 얘기하고 싶지도 않아. 왜 사람을 등신으로 만들어? 빨리 안 나가!"

그동안 아내에게서 본 적 없었던 히스테리였다. 집에서는 남편과 아들 사이에서 극도의 스트레스를 받았고, 학교에서는 6학년 아이들에게 시달림을 당했던 아내는 지칠 대로 지쳐서 극도로 예민한 상태인 듯했다. 안방에서 나오던 준이가 그런 엄마의 마음을 헤아리지 못하고 퉁명스럽게 내뱉었다.

"죄송하다고 그랬잖아요."

녀석의 목소리는 그야말로 사과하는 '연기'를 하고 있었다. 화가 난 감정이 날 것 그대로 담긴 목소리였으며 어머니의 분노가 부당하다는 항의가 노골적으로 묻어나는 목소리였다. 내가 화장실로 향하는 준이를 불러 세웠다.

"준이, 이리 와봐."

내 앞에 와서도 준이는 어머니에 대한 반감을 삭이지 못한 채 계속 씩씩거렸다. 내가 나직한 목소리로 물었다.

"네가 뭘 잘못한 거 같아? 솔직히 말해봐. 네가 잘못한 거 같지 않으면 잘못한 거 없다고 말해도 돼."

준이가 손을 허리에 올리며 곤혹스러운 표정으로 대답했다.

"내가 잘못했어……."

마지못해 말하는 게 역력했다. 내가 준이의 눈을 똑바로 보며 말했다.

"다시 말해봐! 너 말버릇부터 고쳐야 되겠어. 손 내리고 다시 똑바로 말해봐."

준이가 저도 모르게 올라갔던 손을 허리에서 황급히 내리고 대답했다.

"제가 잘못했어요."

"뭘?"

"……."

아들은 쉽게 대답을 하지 못했다. 그제야 단순하게 넘어갈 수 없는 상황이란 걸 알아차린 듯했다. 내 목소리가 더 엄하고 단호해졌다.

"똑바로 대답해! 너, 똑바로 말하지 않으면 앞으로 게임 못할 줄 알아. 말해봐."

준이가 띄엄띄엄 엄마와 있었던 일을 털어놓았다.

"엄마가 아침에 도시락 수저통을 책상에 놔주셨는데, 수저통 위에 문제지가 있어서 못 봤었어요."

준비물을 칼 같이 챙기던 녀석이 요즘 들어 자주 깜빡깜빡해서 걱정이라던 아내의 말이 떠올랐다.

"그래서 학교에 못 가져간 거야?"

"네."

"그럼, 그게 엄마가 잘못한 거야, 네가 잘못한 거야?"

"제가요."

"근데 너 엄마한테 뭐라고 했어?"

"엄마 때문에 못 가져갔다고……."

"왜 네가 실수한 일인데 엄마한테 신경질을 내?"

"잘못했어요."

비로소 아들의 연기에서 진정성이 묻어났다. 아내가 안방에서 나오며 푸념을 늘어놓았다.

"준이 너, 이번 주에 학교 갔다가 준비물 다시 가지러 두 번이나 집으로 돌아왔어! 너 정말 요즘 왜 그래?"

아들의 얼굴이 더 곤혹스러워졌다. 내가 안쓰러운 목소리로 말했다.

"준이야, 아랍 격언에 이런 말이 있어. '서두름이 악마를 발명했다.' 너 학원 다니기 시작하면서 엄마한테 대들고 신경질 부리고 그랬잖아. 지금 네가 그만큼 뭔가에 쫓기고 있다는 거야, 그렇지? 그래서 그런 말과 행동이 나오는 거잖아."

준이의 눈에서 또르르 눈물이 흘러내렸다. 제가 좋아서 다닌 학원이었지만 쉬지도 못하고 공부하는 일이 힘에 부쳤던 것이다. 아들의 눈물을 보고 난 아내가 누그러진 목소리로 학교에서 있었던 일을 들려주었다.

"준이, 너도 학원 다니지 마. 우리 반에서 이상한 애들도 다 학원 다니는 애들이야. 초등학교에서 2, 3년, 중학교에서 3년, 고등학교에서 또 3년을 학원에 다니는 동안 모두 정신이상자들이 돼가는 것 같아."

내가 아내에게 자조적으로 말했다.

"그런데 그게 애들 잘못은 아닌 거 같아. 따지고 보면 무시무시한 학습

량으로 아이들을 고문하고 있는 교육제도를 그대로 내버려둔 부모들과 우리 선생들 잘못이지, 뭐. 우리 애건 남의 애건 애들은 다 피해자인 거야."

학교도, 학원도 가엾은 아이들을 계속 서두름 속으로 내몰면서 악마를 만들고 있는 것이었다. 내가 아들에게 진심을 담아서 제안했다.

"준이야, 앞으로 한 달 동안 학원 다니는 문제에 대해서 신중하게 생각해봐. 엄마하고 아빠는 네가 원하는 대로 하게 해줄 거야."

아들은 그러겠다고 대답한 후에 심각한 얼굴로 제 방으로 들어갔다. 나는 '책도 좀 읽으라'는 말이 목구멍까지 올라왔지만 하지 않고 잘 참았다. 내가 마음에 여유가 있을 때 아들의 생각을 담아 줄 수 있듯이, 아들도 마음에 여유가 있어야만 책으로 시선을 돌릴 수 있을 터였다.

아내에게 혼나는 연기를 하다 다음 날 저녁을 먹고 두어 시간이 지났을 무렵이었다. 감잎차 두 잔을 들고 식탁에 앉아 있던 아내에게 다가갔다. 아내의 지친 몸과 마음을 조금이나마 쉬게 해주고 싶었다.

"부인, 차 한 잔 드시지요."

아내가 멋쩍게 웃으며 말했다.

"왜 이래? 안 어울리게."

아내는 나보다 더 어색해 보였다.

"자, 감잎차 한 잔 우아하게 드시고 푹 주무세요. 설거지는 내가 하리다."

설거지를 하겠다는 말에는 아내가 기분 좋은 웃음을 지었다.

"있잖아, 책에서 읽은 내용인데 다른 사람의 얘기만 주의 깊게 들어줘도 그 사람의 마음의 병을 70%나 고칠 수 있대. 나 이제부터 당신 말 잘 들으려고. 내가 그동안 당신한테 제대로 들을 줄 모른다고 정말 구박도 많이 받았잖아. 한 번에 잘 알아듣지 못해서 했던 말 또 하게 하고, 내가 듣고 싶은 말만 기억하고는 나중에 딴 소리하고 그랬잖아……."

아내가 압력밥솥에 물을 부으며 못 미더운 표정으로 물었다.

"그러니까, 그 병 언제 다 고칠 거야?"

"내가 요즘 얼마나 노력하고 있는데? 당신 말 잘 들으려고 책 읽는 시간 줄여서 잠도 푹 자고 있잖아. 회식 때도 다음 날 힘들지 않게 적당히 즐기다 오고. 듣는 거 그거 정말 쉽지 않은 일이더라고. 몸과 마음에 에너지가 있어야 가능하더라고."

그러나 아내는 좀처럼 내 노력을 인정하지 않았다.

"그래서? 별로 모르겠는데."

아내가 말하면서 무심코 식탁 위에 있던 행주를 집은 손으로 압력밥솥의 물을 쟀다. 아, 나는 그때 그 모습을 보지 말았어야 했다. 또는 그냥 못 본 척 넘어가는 연기를 했어야 했다. 그러나 나는 머릿속 시나리오에 없던 대사를 하고 말았다.

"자기, 지금 행주 집은 손으로 밥통에 손 넣은 거 알아?"

맹세코 무심코 한 말이었다. 아내를 비난하려는 뜻이 전혀 없다는 것을 알리기 위해 얼굴에 온화한 미소까지 지으며 조심스럽게 묻는데 아내가 정색하며 발끈 화를 냈다.

"왜? 행주가 어때서? 나한테 행주는 하나도 안 더러운 거야!"

"아니, 그게 아니라 행주에 세균이 많다고 해서……."

아내의 안경이 부르르 떨렸다. 생각 없이 내뱉은 말이 아내를 더 화나게 하고 말았던 것이다.

"정말 웃겨? 그러는 자긴 행주 한 번 삶아 봤어? 수세미로 설거지하면 그 속에 있던 세균들은 다 어떻게 되는데? 그냥 우리가 다 먹는 거야. 화장실 에 머리카락이 가득 차 있고 더러운 곰팡이가 피어있어도 청소 한 번 안 하 고, 베란다가 썩어도 청소 한 번 안 하는 주제에 꼴값을 떨어요."

"아니, 나는 눈으로 본 거니까 아무 생각 없이 얘기해본 거야. 그리고 내 가 식탁에 숟가락을 안 놓을 정도로 식탁 청결에는 좀 예민한 편이잖아."

아내의 화를 누그러뜨리려고 내뱉은 내 대사들은 죄다 아내의 분노에 기름이 되고 장작이 되고 있었다.

"난 그게 정말 싫어! 그건 나를 불신하고 비난하는 짓이야. 왜 혼자만 유 별나게 깨끗한 척해? 자기 몸은 제대로 씻지도 않으면서!"

"난 식당에 가서도 숟가락은 식탁에 안 놓잖아. 일종의 버릇이야, 버릇."

내가 아내를 진정시키려 할수록 아내의 분노는 걷잡을 수 없는 산불이 되어 갔다. 마침내 아내가 나를 향해 불덩이를 내던졌다.

"난 그 버릇이 기분 나빠! 아주 재수 없어. 그게 사이코나 하는 짓이 지……. 당신 나하고 얘기하지 마. 나, 당신이랑 얘기하는 거 하나도 안 즐 거워. 괜히 차 마시면서 대화하려고 하다가 기분만 잡치게 만들었잖아. 그 냥 예전처럼 살아."

그날 아내는 지나치다 싶을 정도로 길게 화를 냈다. 나는 거의 한 시간 가까이 구박을 받았다. 한편으로 나는 아내에게 더 많은 구박받고 싶었다. 사춘기 아들의 반항을 참고 견디느라고 아내의 마음은 터질 지경에 이르 러 있었다. 어젯밤에도 아내는 내가 잠시 아들을 혼내는 동안 내내 안절부 절못했었다. 나라도 아내의 분풀이 대상이 돼주어야 했다.

거실에서 텔레비전을 보고 있던 준이는 어머니에게 온갖 구박을 받고 있는 아버지의 모습을 은근히 즐기는 듯했다. 어머니에게 수모를 당하는 아버지의 연기가 썩 마음에 드는 모양이었다.

아내가 샤워하고 나오며 다시 구박을 퍼부었다. 다음 씬이 시작된 것이었다.

"목욕탕에 자기 머리카락 좀 봐. 생전 한 번 치우지도 않으면서 혼자 깨끗한 척은 다 해요! 언제 한 번 치워봤냐고? 어디 있어? 왜 대답도 안 해!"

내가 안방에서 나오며 고개를 연신 끄덕이면서 대답했다.

"네, 네, 알았어요. 이제부터 잘 치울게요."

나는 꼬리를 내린 강아지처럼 아내 앞에서 머리를 조아렸다. 천장에 닿을 정도로 기세가 등등해진 아내가 이번엔 아들을 혼내기 시작했다. 그건 우리 집에서 아주 오랜만에 일어난 일이었다.

"그리고 준이, 넌 왜 네 옷 아무 데나 벗어 놔! 베란다에 안 갖다 놔?"

준이가 텔레비전을 쳐다보며 볼멘소리로 대답했다.

"저, 잘 갖다 놨어요. 가끔 안 그랬지."

아내가 욕실 앞에 널브러져 있던 옷가지들을 발로 걷어차며 버럭 소리를 질렀다.

"어디서 변명이야? 빨리 똑바로 안 치워!"

준이가 마지못해 일어나서 제 옷들을 주섬주섬 챙겼다. 아들은 어머니의 연기 변화가 못마땅한 모습이었지만, 나는 너무도 반가웠다. 엄마의 홈드라마 주연 복귀를 알리는 신호였기 때문이다. 베란다로 옷을 들고 나가는 준이의 등을 토닥이며 내가 말했다.

"준이야, 엄마한테 변명하지 마. 아빠, 좀 아까 변명했다가 완전히 새 됐잖아."

아들 녀석은 풀이 죽은 걸음으로 옷가지들을 세탁함에 넣고 돌아왔다. 아버지가 어머니에게 쩔쩔매는 연기를 보고 났기 때문인지 어머니에 대한 태도가 달라져 있었다. 다시 아내의 잔소리가 들려왔다.

"내가 매일 이 손으로 자기가 세면대에 뱉어놓은 가래 닦아주고 콧물 청소해줬어. 그랬던 손으로 밥했던 거라고, 알아? 누가 뭐래도 나한테 행주는 깨끗한 거야. 자기가 행주 안 삶는 여자를 만났어야 돼. 식탁에 숟가락 안 놓는 거 볼 때마다 내가 정말 기분 더러워서……."

딸이 아까부터 엄마에게 져주라고 내게 눈짓을 하고 있었다. 신하의 배역으로 내려온 나는 여왕의 배역으로 돌아온 아내에게 덧없는 푸념을 늘어놓았다.

"아, 나 참. 식탁에 숟가락 안 놓는 것도 내 마음대로 못하나."

진이가 또 눈을 찡긋하며 져주라고 신호를 보냈다. 안방으로 들어가던 아내의 등을 향해 내가 볼멘소리로 크게 말했다.

"진이야, 너 오늘 엄마랑 자. 아빠 네 방에서 혼자 잘래. 나 좀 삐쳤어."

진이가 좋아라 웃으며 소리를 질렀다.

"앗싸!"

식탁 위에 엎드려 있던 행주가 찡긋 웃는 표정을 짓고 있었다.

홈드라마의 주인공은 영원히 엄마여야 한다

그날 밤 나는 뭐라고 표현할 수 없는 뿌듯한 느낌에 휩싸여 통 잠을 이룰 수가 없었다. 너무도 훌륭했던 나의 신하 연기가 계속 떠올랐다. 내가 이토록 훌륭한 연기력을 갖추고 있었다는 게 놀라울 따름이었다. 우리의 홈드라마가 어떻게 전개되어야 할지 감을 찾은 날이었다. 그건 엄마의 배역을 빛나게 하는 것이었다.

문득 내가 준이 나이였을 때 아버지와 찍었던 폭력 씬이 떠올랐다. 그때 나는 아버지가 나를 고통스럽게 하는 것보다 어머니를 아프게 하는 것에 더 화가 났었다. 아버지는 하필이면 한창 내가 예민한 시기에 어머니를 혹독하게 괴롭혔다. 한밤중에 만취한 아버지가 길거리로 어머니를 질질 끌고 다니며 욕설을 퍼붓고 폭행을 저질렀던 사건은 최고의 압권이었다. 중학교 1학년 겨울방학 때였을 것이다. 나는 어머니를 방에서 끌고 나가던 아버지에게 텔레비전을 집어 던졌다. 그때 나는 단단하고 건장했던 아버지에 비해 키도 작고 비쩍 마른 허약한 소년이었다. 방바닥으로 널브러진 텔레비전을 보던 아버지의 얼굴은 충격과 공포 그 자체였다. 아버지는 반기를 든 아들을 곧장 응징할 생각조차 하지 못할 정도로 공황 상태에 빠졌다. 어떤 연기를 해야 할지 도무지 감이 잡히지 않는 얼굴로 그저 얼떨떨해하셨을 뿐이었다.

그날 아버지에게 죽도록 맞았더라면 내 마음도 한결 편했을 것이다. 아버지가 그 사건을 계속 덮어두셨기 때문에 나는 오래도록 불안과 죄책감의 늪에서 허우적거려야만 했다. 그 사건 이후로 아버지가 어머니를 때린 기억은 거의 없었다.

그랬다, 그때는 아버지가 어머니에게 고통을 주는 것보다 더 싫은 게 없었다. 어머니가 힘들고 슬픈 배역을 맡는 게 죽기보다 싫었던 것이다. 그러고 보니 준이도 내가 자신을 괴롭히는 것보다 엄마를 힘들게 하는 것이 더 싫었을 터였다. 제 엄마에게 무거운 짐을 떠안긴 채 폭군 노릇만 하려는 아버지의 역할이 마음에 들지 않았을 것이다. 아까 준이는 내가 제 엄마에게 늙은 호박처럼 짓이겨지는 모습을 보며 터져 나오는 환희를 주체하지 못할 정도로 행복해했었다.

그랬다, 아내는 가족 드라마의 절대군주가 되어야 했다. 집안의 대소사를 도맡아 처리하며 가장 많은 희생을 하고 있는 어머니가 주인공이 되는 게 맞는 거였다. 나는 그날 밤 아내를 여왕으로 모시는 충직한 신하가 되기로 기꺼이 결심했다.

나는 이따금 그날 밤의 결심을 후회할 때가 있다. 어머니는 여왕, 아버지는 신하라는 배역이 갈수록 굳어졌기 때문이다. 인간의 뇌는 연기와 실제를 구분하지 못한다고 말하지 않았던가. 아내의 뇌 역시 인간의 뇌였다. 아내는 나의 연기를 점점 실제로 받아들였다. 그것도 대단히 빠른 속도로. 그러면서 아내는 진짜 여왕이 되어갔고 나는 진짜 신하가 되어갔다.

그리하여 때로는 신하의 배역을 때려치우고 싶은 욕구가 치밀어 오르기도 했다. 다시 폭군으로 등극하고 싶다는 열망이 솟구치기도 했다. 그럴 때마다 나는 가족 드라마에서는 엄마의 배역이 가장 빛나야 한다는 사실을 떠올리려 애쓰며, 여주인공을 보필하는 배역을 묵묵히 받아들였다. 그것이 우리 홈드라마가 잘되는 길이었기 때문이다.

아이를 위해
불타는 다리를 건너라

영화 〈피에타〉는 죽은 아들의 복수를 하기 위해 원수의 엄마가 되는 여인의 이야기이다. 아들을 죽게 한 자의 이름은 '강도'이다. 미선은 고아인 강도에게 엄마를 갖게 해준 뒤에 그 엄마를 죽게 함으로써(자신의 자살로) '죽음보다 더 무서운 고통'을 안겨주고자 한다. 그녀는 완벽한 복수를 위해서 먼저 강도에게 진짜(라고 믿어지는) 엄마가 되어야 했다.

강도가 칼로 떼어 준 그의 살점을 먹는 등의 처절한 연기를 통해 미선은 강도로부터 '엄마'로 받아들여진다. 이제 자신의 죽음으로 강도에 대한 복수를 완성하면 되었다. 그런데 미선은 최후의 작업을 앞두고 갈등한다. 강도에게 일말의 연민을 느꼈기 때문이다. 그녀는 자살로 복수의 마침표를 찍기 전에 이런 독백을 남긴다.

"상구야, 미안해. 이럴 마음이 아니었는데. 놈도 불쌍해. 강도 불쌍해."

이 영화는 역할 연기가 인간에게 미치는 영향이 얼마나 크고 강한지를 잘 보여준다. 복수를 위해 원수에게 진짜(같은 가짜) 엄마를 연기한 것이었는데, 자신도 모르게 가짜 아들에게 연민과 공감을 품게 되고 말았다!

가슴속으로는 그러지 않아야겠다고 수없이 다짐했을 텐데도, 미선은 강도 엄마 연기를 계속하다가 어느 순간 강도에게 '어느 부분에서' 엄마가 되고 말았던 것이다. 그러니 우리도 콩쥐 엄마 연기를 계속하다 보면, 콩쥐 엄마가 되지 않겠는가. 우리에게는 콩쥐 엄마가 되지 않으려는 의지라고는 털끝만큼도 없으니 그것이 얼마나 수월하겠는가.

우리 가족의 홈드라마는 우여곡절을 겪은 뒤 '다시' 아내를 중심으로 돌아가게 되었다. 가족 관계는 어느 정도 안정이 되었지만, 틀어졌던 아들과 나의 관계가 회복된 것은 아니었다. 나는 아들에게 '콩쥐 아빠' 역을 연기해야 했다. 그러니까 '좋은 아빠'를 흉내 내야 했다는 말이다. 어린아이도 아니고 나이 먹은 어른이 무언가를 흉내 내기란 쉬운 일이 아니었다. 그럼에도 불구하고 나는 '흉내 내기'를 계속했다. 아무리 위대한 업적을 이룬 사람일지라도 처음엔 모방으로 배우지 않은 사람이 없을 거라 자위하면서.

사실 모방과 흉내 내기만큼 인간에게 자연스러운 행위도 없다. 갓난아기는 생후 24시간 만에 엄마의 표정을 따라 함으로써 소통을 시작한다. 이는 어른들도 크게 다르지 않다. 어느 다큐멘터리 감독이 출연자들에게 "아무 행동이든 좋으니 하고 싶은 행동을 하라"고 주문을 했을 때, 대부분이 다른 사람을 모방하는 행동을 했다고 한다.

그렇다. 뭔가 새로운 것을 시도한다는 것은, 본질적으로 '연기'를 하는 것이다. 모방과 흉내는 부끄러운 일이 아니다. 그저 자연스러운 일인 것이다.

내가 '콩쥐 아빠'를 연기한 것은, '불타는 다리'를 건넌 것이기도 했다. 그것은 인생 드라마에서 결정적 지점을 지나왔다는 뜻이다. 영화 속에서 '불타는 다리'를 건넌 주인공은 어떤 어려움이 있어도 그 길을 계속 간다. 나도 그런 아빠가 되어야 했다. 연기가 잘 통하지 않는다고, 아이가 쉽게 받아주지 않는다고 다시 '팥쥐 아빠'로 돌아가서는 안 되었다. 그건 주인공의 길이 아니었으므로.

우리 가족을 충격에 빠뜨린 롤링 페이퍼

우리 집은 여왕 체제로 재편되면서 어느 정도 안정을 찾아가는 듯했다. 그러나 나와 준이와의 관계는 좀처럼 가까워지지 못했다. 아내에게 맞는 배역은 찾았지만, 아들에게 맞는 배역을 찾지 못했기 때문이었다. 나의 무의식은 아버지의 권위마저 무너지면 아들이 통제불능의 존재가 될지도 모른다는 두려움을 버리지 못하고 있었다. 아내에게 왕권을 주고 기꺼이 신하가 되는 것만으로는 부족한 뭔가가 있었다.

나는 아들이 타인을 배려하지 않고 자기중심적인 행동을 하는 것이 줄곧 못마땅했고, 그런 성격을 어떻게 바로잡아야 할지 방법을 찾지 못하고 있었다. 중간고사에서 전교 2등을 한 후부터 준이는 더 기고만장해졌다. 몇 해 전 초등학교 때 전 과목 만점을 맞았을 때도 준이의 교만은 하늘을 찔렀었다. 그 당시 나는 가훈을 '나보다 남을 낫게 여기자'로 정하고 아들에게 겸손해지라는 주문을 외웠지만 별 효험을 보지 못했었다.

그러다 마침내 우려했던 일이 터지고 말았다. 준이의 생일에 반 아이들이 써 주었다는 롤링 페이퍼는 충격 그 자체였다. 생일을 축하하는 글에는 잘난 체하지 마라, 너무 나댄다는 말이 절반 가까이나 있었다. 나를 더 놀라게 한 것은 아내의 반응이었다. 코팅된 롤링 페이퍼를 읽고 난 아내가 침대 위로 휙 던지며 말했다.

"준이야, 이런 말에 신경 쓰지 마! 원래 못난 애들이 자기보다 잘난 애들을 시기하는 법이야."

조금 굳어있던 준이의 표정은 엄마의 두둔을 받은 뒤 눈에 띄게 밝아졌다. 나는 충고해주고 싶은 마음을 꾹 참고 준이가 학원에 갈 때까지 기다렸다. 준이가 나가자마자 내가 아내를 질책했다.

"당신은 애한테 그렇게 말하면 어떻게 해? 가뜩이나 안하무인인 애한테 반성하라고 말해주지는 못하고."

아내가 빈 그릇을 개수대에 넣으며 대수롭지 않다는 듯 말했다.

"뭘 모르는 소리 좀 그만하셔! 요즘 애들이 얼마나 자기 잘났다고 설쳐대는 애들인데, 좋은 말 써주는 줄 알아?"

"그런 게 아니라니까! 중학교 1학년 때는 그렇게 철없이 쓸 수도 있어. 하지만 중2 애들은 그렇게 노골적으로 써주지 않아. 내가 학교에서 많이 봐요. 전교 1등하는 애들, 준이하고 전혀 달라. 얼마나 다른 애들 눈치 보고 조심하는데. 자기는 준이가 얼마나 심각한 상태인 줄 몰라."

아내가 탁 소리 나게 반찬통을 닫으며 짜증을 냈다.

"아, 잘났으니까 그렇지! 걔가 공부 말고 내세울 게 없어서 그래. 준이는 공부로 잘난 체하면서 사는 거야."

"아들 계속 그렇게 키워봐라? 어떻게 클지 뻔하지. 난 공부 좀 못해도 나댄다는 말 안 듣는 게 더 좋아!"

나도 모르게 언성이 높아졌다. 아들이 있을 때는 계속 아내에게 기죽어서 지냈지만 더 이상은 양보할 수 없다는 생각이 들었다.

"어이구, 애가 공부를 잘하니까 저런 소릴 하지. 남들이 들으면 비웃는다, 비웃어. 준이 걱정하지 말고 당신이나 좀 반성해. 별거 아닌 일로 버럭버럭 화내면 애가 얼마나 상처받는데?"

"안 그러면 준이가 말 들을 줄 알아? 당신도 당해봤잖아. 당신 말 무시하고 계속 자기 맘대로 행동하는 거. 그러다 혼내니까 눈 부릅뜨고 대들고. 당해봤으면서 벌써 잊은 거야?"

아내가 지친 표정으로 말했다.

"아무튼, 난 내가 혼낸 다음에는 당신이 혼내지 않았으면 좋겠어."

"내가 왜 혼냈는데? 당신한테 대들었으니까 혼냈지. 난 그런 꼴 못 봐! 내 자식이 엄마한테 그런 짓 하는 거 두 눈 뜨고 그냥 못 봐줘. 당신, 내가 준이 있을 때 왜 당신한테 꿈뻑 죽는 줄 알아? 당신 무시하지 못하게 하려고 그러는 거야. 내가 이렇게 찍소리 못하니까 너도 엄마한테 고분고분하게 행동하라는 메시지를 보내는 거라고."

나는 꼭꼭 숨겨뒀던 속내를 들춰냈다. 그러나 그 말도 아내의 심금을 울리기에는 턱없이 부족했다.

"몰라, 나 그런 거 다 싫어. 당신은 애들을 몰라도 너무 몰라."

"좋아. 나도 그냥 다 모른 척할게. 엄마한테 대들든지 말든지."

나도 그만 자포자기 상태가 되고 말았다. 아내의 안경알 너머로 형광등 불빛이 위태롭게 흔들리고 있었다. 아내가 자조적인 목소리로 내게 말했다.

"마음대로 해! 맞아, 내가 다 잘못 키워서 그래. 나도 집 나가서 내 마음대로 살았어야 했는데, 안 나가고 집을 지켜서 다 이렇게 된 거니까. 당신은 글 쓴다고 나갔다가 밤늦게 와서 하는 일이 아들 혼내는 거잖아. 집에 있지도 않으면서 애들에 대해서 뭘 안다고……."

　나는 그 말에 어떤 대꾸도 할 수 없었다.

콩쥐 아빠,　　다음 날 준이는 2박 3일로 학교 수련회를 떠났다. 나는
연기를 시작하다　아내에게 고개를 숙인 날 이후로 아버지의 역할을 잘하
　　　　　　　　고 있다고 생각해왔다. 그런데 그게 아니었던 것이다.
준이는 이따금 엄마에게 반항을 했는데 나는 그럴 때마다 엄마에게 혼나
고 나온 아들을 불러서 다시 혼내곤 했다. 어머니에게 순종하는 아들을 만
들고 싶어서였다. 그런데 준이는 그럴 때마다 내게 상처를 받아온 것이었
다. 나는 여전히 엄하기만 하고 자상함이 없는, 가부장적 권위에 갇혀 있
는 아버지였다.

　나는 왜 아들에게만 관대하지 못하고 엄한 연기만 해왔을까? 왜 준이의
캐릭터를 교만하고 건방진 성격으로만 한정해 왔을까? 준이가 갖고 있던
칭송받고 싶은 욕망은 밤 새우며 악착같이 공부하는 에너지원이기도 했
는데 말이다……. 객관적으로 준이는 자기 스스로 할 일을 척척 알아서 하
는 훌륭한 아들이었다. 잘난 체하는 단점만 빼면 그랬다.

　도대체 준이의 교만은 어디서 온 것일까. 그것을 밝혀내야만 해결할 길
도 찾을 수 있을 터였다. 아들의 교만의 뿌리를 더듬어가던 어느 순간, 하
나의 문장이 내 뒤통수를 강타했다. '자식은 부모의 그림자를 물려받는
다.' 칼 융의 심리학책에서 읽은 글이었다. 머릿속에서 번쩍하며 또 하나
의 문장이 떠올랐다.

　'정상적이고 존경할만한 부모 밑에서 종종 소위 문제아 같은 자녀가 나

오는 경우가 있다. 이런 자녀들은 대개 부모의 무의식 속에 억압되어 있던 열등한 성격을 물려받은 것이다.'

그 문장을 떠올린 순간 나는 '불타는 다리'를 건넌 것이었다. 그랬다. 준이는 나와 아내로부터 교만을 물려받았던 것이다. 달리 또 누구에게서 배울 수 있었겠는가. 아내에게보다는 내게서 배운 게 더 많았을 터였다. 책을 내기 위해서 글쓰기에 집착하는 나의 욕망과 아들의 교만은 본질적으로 같았다. 준이는 내 무의식 속에 억압되어 있던 자랑하고 싶은 욕망, 추앙받고 싶은 욕망을 물려받은 것이었다.

마침내 아들의 잘난 체를 보면서 내가 그토록 못마땅해했던 이유가 밝혀졌다. 내 무의식 속에 자리 잡고 있던 어마어마한 교만 덩어리를 마주 봐야 했기 때문이었다.

문제의 원인이 밝혀지자 해결책을 찾기란 어렵지 않았다. 아들 앞에서 한 마디의 교만한 말도 들려주지 않고 일체의 자랑하는 모습을 보여주지 않는 것이었다. 생각해보니 나는 무시로 교만했고 자주 어리석었다. 국가 대항전 축구경기를 보면서 우리 선수가 못 한다고 욕했던 일, 아내와 식탁에서 밥 먹듯이 지인들을 깎아내렸던 일 등 타인을 비난하고 비방했던 일이 셀 수 없이 많았다.

나는 아들이 수련회에서 돌아온 후부터 타인에 대해 함부로 말하지 않으려고 무던히 노력했다. 누구도 비방하지 않고 깎아내리지 않으리라 마음을 굳게 먹었다. 그것은 객관적이고 중립적인 캐릭터를 연기하는 것이었다.

한 달 뒤 나는 아들과 목동야구장에 갔다. 준이가 열렬한 팬인 팀의 투수는 2회에만 4점을 헌납하고 마운드에서 쫓겨났다. 한때 팀의 에이스였던 그는 상대 하위 타선에게 2루타를 3개나 얻어맞았다.

신기한 일이었다. 초반에 4점이나 뺏기고 얻은 점수는 0점이었는데도 경기가 재미있었다. 1루 쪽 원정응원팀 관중석에 앉은 순간부터 준이와 나는 경기장의 분위기에 빠르게 취해갔다. 준이는 평소에 좋아했던 선수들을 가까이에서 볼 수 있다는 사실에 마냥 신기해했다. 눈앞에서 보는 투수의 공은 총알처럼 빨랐고, 타자들이 그 공을 쳐 낼 때마다 경쾌한 파열음이 울려 퍼졌다. 비록 우리 팀 선수가 득점하지 못했어도, 1루 베이스를 스치며 빠져나가는 타구를 멋지게 잡아내는 호수비를 보거나 베이스를 향해 몸을 날리는 슬라이딩을 보는 것만으로도 가슴이 설레는 탄성이 터져 나왔다. 준이와 나는 복숭아 아이스티를 마시며 살아서 튀는 경기의 맛도 함께 즐겼다.

준이가 수련회에 다녀온 날 나는 책을 한 권 선물했다. 책에 써주었던 편지가 아들의 마음을 푸는 데 큰 역할을 한 것 같았다.

배울 게 많은 준이에게

아들아, 전교 2등 한 것 정말 축하한다.

말을 한 적은 없었지만 난 그런 네가 늘 자랑스러웠단다.

네가 2등에 오른 것도 멋지지만, 밤낮으로 피와 같은 땀을 아끼지 않고 흘렸다는 게

아버진 더 자랑스러워. 너의 그런 불굴의 집념과 단단한 의지는 정말 배우고 싶구나.

재미있는 책이 되기를 바라며. 아빠가.

그 책은 영국의 프리미어리그 아스널 팀의 광팬이 쓴 책이었는데, 영국과 미국에서 영화로 만들어졌을 정도로 유명한 책이었다. 그날 나는 그 책을 원작으로 만든 야구영화를 준이와 함께 보았고, 일주일 후에 야구경기를 보러가기로 약속했다.

다음 날부터 나는 가능한 준이가 좋아하는 운동을 함께하려 했다. 준이는 한 때 투수를 꿈꿨을 정도로 투구하는 것을 좋아했다. 텔레비전에 나오는 투수들의 폼을 보고 연구를 거듭했기 때문에 투구 폼도 꽤 그럴듯했다. 친구 중에는 자신의 공을 받아줄 만한 아이가 없었기 때문에, 준이는 내가 공 받아 주는 것을 무척 좋아했다.

그러나 공원에서 둘이서 하는 운동에는 한계가 있었다. 함께 공원으로 운동을 다닌 세 번째 날, 우리는 둘이서 즐길 수 있는 운동을 찾아냈다. 배드민턴이었다. 나는 15점을 내고 준이는 10점을 내는 단식 경기를 하면 꽤 팽팽하고 재미있는 시합이 되었다. 준이와 나는 5세트 경기를 땀을 흘리며 하고 난 후에 시원한 이온음료를 마시며 집으로 돌아왔다.

함께 즐거움을 공유하는 시간이 늘어가면서 부자의 관계는 큰 걸음으로 옛날로 돌아가고 있었다. 나는 집에서도 가능하면 준이를 혼내지 않았다. 그동안 나로 인해 아들이 받았던 상처들이 씻기기 전까지는 격려하고 지지하기만 하자고 마음먹었다. 책 읽으라는 말도 하지 않았다. 그랬더니 준이는 스스로 꾸준히 책을 읽었다.

아들과 함께 있을 때 '현명한 조역'에 머물기 위해 노력하면서 내가 그동안 얼마나 자기중심적인 존재였는지 알 수 있었다. 주말드라마를 보면서 나는 무심코 '참 말이 안 되는 스토리다', '억지 설정이다'라는 말을 내뱉고 있었다. 아들 앞에서 어떤 비방도 하지 않겠노라 무던히 애를 썼는데도 불쑥불쑥 튀어나왔다. 내가 쓰는 청소년 소설들도 그렇게 말이 안 되고 억지 설정으로 가득 차 있었으면서도 말이다. 그랬다. 내가 준이에게 품었던 불만과 반감들은 모두 내 속에 있는 것들이었다. '자기 속에 있는 게 아니면 어떤 것도 자신을 불편하게 하지 않는다'는 심리학의 명제는 진실이었다.

돌이켜보니 준이는 엄마가 교감 선생님과 싸웠던 일화를 자랑처럼 늘어 놓았을 때나 아버지가 축구경기를 보며 선수를 비난했을 때 심하게 반감을 표했었다. 아들은 부모의 그런 모습을 마음에 들어 하지 않으면서 자기도 모르게 배워왔던 것이다. 핍박받는 며느리가 학대하는 시어머니를 미워하면서 닮아가는 것처럼.

신기한 일이었다. 내가 자기중심적이고 교만한 모습을 보여주지 않게 되자, 내 눈에 보이는 아들의 모습에서도 그런 모습이 보이지 않게 되었다. 내 마음속에서 부지런히 자랑과 교만을 비워내다 보니 어느새 아들에게서도 그것들이 하나씩 사라졌다. 가까이서 들여다보니 준이와 엄마의 관계 또한 전혀 염려할 만한 것이 아니었다. 아내는 다시 아들을 손아귀에 꽉 잡고 있었다. 준이는 엄마에게 혼날 때 진심을 담아서 잘하겠다고 대답하거나, 이따금 억울함을 느낄 때는 예전처럼 울먹이는 아들로 돌아와 있었다. 모자의 관계는 내가 악역을 맡지 않아도 좋을 만큼 회복되어 있었다.

5회가 끝난 후부터는 순식간에 시간이 흘러갔다. 우리 팀은 8회가 되도록 1점도 내지 못하고, 변변치 않았던 상대투수에게 완봉패를 당할 처지에 놓여 있었다. 그럼에도 불구하고 3시간 동안의 경기는 지루한 순간이 한 번도 없었다. 눈앞에서 펼쳐지는 경기는 텔레비전으로 볼 때와는 비교할 수 없을 정도로 실감나고 흥미진진했다. 공격과 수비가 바뀔 때는 치어리

더들의 화려한 춤과 신명나는 응원가가 빈틈을 메워주었다. 푸른 잔디가 깔린 탁 트인 운동장으로 선수들이 뛰어나가고 뛰어 들어오는 모습조차도 멋져 보였다. 뒤에서 광팬인 듯한 아주머니와 딸이 상대 타자가 투 스트라이크가 될 때마다 '삼진! 삼진!'을 크게 외쳐서 귀가 아프긴 했지만 그것도 즐거운 경험이었다. 그 아주머니가 경상도 사투리로 '응원 좀 하소. 응원 안 할라 카면 집에서 텔레비전이나 보지 경기장엔 왜 나왔노?'하며 닦달할 땐 속으로 조금 뜨끔하기도 했다.

결국 7대 0으로 9회 말 경기가 끝났다. 준이와 나는 흡족한 웃음을 지으며 경기장을 빠져나왔다. 돌아오는 차안에서 준이가 말했다.

"아빠, 너무 재미있었어요. 같이 야구 구경해주셔서 감사해요."

"그래, 준이야. 아빠도 정말 즐거웠어. 다음에 또 보러 오자."

아버지와 아들의 얼굴에서 절로 흐뭇한 웃음이 흘러나왔다. 나는 그렇게 아들의 사춘기의 한가운데를 지나가고 있었다. 그 격랑 속에서 나는 자신에 대해 더 많이 알게 되었다. 우주 전체가 인생의 학교이듯, 아들이라는 학교도 내게 큰 공부를 선물해주었다.

사춘기는 배역이 유예된 시기이다　준이는 왜 열다섯 살이 되면서 엄마에게 대들며 반항했을까? 사춘기 아이들은 왜 부모에게 반기를 드는가 말이다. 서론에서 말했듯이, 아이들은 그것을 '할 수 있으므로' 한 것일 뿐이다. 준이는 엄마에게 맞설 힘이 생겼기 때문에 엄마의 억압에 반항했을 뿐이었다.

사춘기는 '어정쩡한' 배역을 맡은 시기이다. 그것이 근대 이후의 산업사회에서 발명된 배역이기 때문이다. 이전의 농경사회에서는 아동기를 지난 이들에게 바로 성인의 역할이 주어졌다. 따라서 지금의 청소년들이 겪고 있는 불안이 그들에게는 없었다. 일만 년 가까운 농경문화 속에서 인류에게는 사춘기라는 배역이 없었다. 열다섯 정도가 되면 자신에게 맞는 역할이 주어졌으며, 그러다 짝을 만나 가정을 이뤄 부모라는 배역을 힘써 살면 되었다.

하지만 현대의 청소년들은 짧게는 6, 7년, 길게는 10년 이상 배역이 없는 삶을 살아야 한다. 공부는 진정한 의미에서 역할이 아니다. 역할을 찾아가기 위한 긴 여정일 뿐이다. 사춘기는 배역이 유예된 시기이다.

사춘기의 불안한 심리는 '배역 없이 무대에 올라간 연기자'의 심리와 같다. 어떤 역이든 맡을 수 있는 연기력을 갖고 있는데 아무 배역도 주어지지 않는 배우를 생각해보라. 사춘기도 마찬가지이다. 어떤 역할이든 맡을 힘이 생겼는데 아무 역도 주어지지 않는 시기이다. 그들은 갑자기 실업자가 된 이들처럼 불안과 고통의 정서에 지배당한다. 어떤 역할을 해야 좋을지 알 수 없는 것보다 인간에게 더 스트레스를 주는 일은 없기 때문이다.

어떤 연기를 해야 좋을지 모르는 상태에서 무대에 오른 배우에게 유일한 희망은 상대 배우이다. 아무리 연기 경험이 없는 배우일지라도 탁월한 상대 배우를 만나면 그의 연기에 전염되게 마련이다.

사춘기 아이에게 가장 중요한 상대 배우는 당연히 부모라는 배역을 맡은 연기자다. 아이가 어떤 역할을 해야 할지 모를 때에도 부모가 노련한 연기력을 보여주면 그 연기에 호흡을 맞춰 따라갈 수 있기 때문이다. 이때 부모가 어떤 배역을 설정하느냐가 가장 중요하다. 억압자나 방관자가 아니라 협상가와 조력자여야 한다.

사춘기는 배역이 없는 배우의 연기처럼, 근본적으로 실패를 경험하는 시기이다. 부모는 아이가 '실패를 잘 경험하도록' 도와주는 역할을 하면 된다. 초보 배우는 실패를 거듭하지만, 그 시간들은 결코 무의미한 것이 아니다. 그런 실패를 거쳐서 훌륭한 연기력을 습득하기 때문이다. 사춘기 아이가 겪어내야 하는 실패 역시 마찬가지이다. 그들 역시 무수한 실패들을 거듭함으로써만 어른이 되는 법을 배워갈 것이기 때문이다.

부모는 아이가 실패했을 때, 바로 그때 노련한 연기를 보여줘야 한다. 속으로는 '왜 이렇게 못할까? 왜 이리 못났나?' 하는 생각이 들지라도, 이런 대사를 읊어줘야 한다.

"괜찮아. 처음부터 잘하는 사람은 없잖니. 인생은 자전거 타기를 배우는 것과 같단다. 누구나 처음 배울 때는 넘어지는 법이야. 자꾸 넘어지지만, 결국엔 자전거 타기를 배우게 되지. 실패해도 괜찮아. 자꾸 실패해야지 성공하는 법을 배울 수 있으니까."

아, 얼마나 감동적인 연기인가! 이 얼마나 가슴이 뭉클한 대사인가! 이런 부모의 연기를 접한 아이는 결코 반항하는 리액션을 보여줄 수 없을 것이다. 이렇듯 사춘기 아이에게는 자신의 실패를 자연스럽게 받아들여 주는 어른이 필요하다. 넘어지기를 거듭하는 과정을 거쳐 결국 자전거를 잘 타게 되듯이, 실패를 거듭하던 아이도 머지않아 '아, 해보니까 되는구나!' 하는 순간을 맞이할 것이다. 그러면서 어느덧 어른이 될 것이다.

PART 3

때로는 아이에게서
멀어질 필요가 있다

내 아역배우

안아주기 프로젝트

2부에서는 아이의 사춘기를 중심으로 건강한 홈드라마를 만들어가는 방법을 찾아봤다. 다음은 시간을 거슬러 올라가 아이의 아동기로 카메라를 이동시키고자 한다. 아이의 아동기는 '사춘기를 낳은' 시기라는 점에서 매우 중요하고 의미 있는 시기이다. 아동 심리학자들은 아동기에 아이가 부모와 얼마나 건강하게 소통했느냐(좋은 연기 호흡을 맞췄느냐)에 따라 사춘기의 진폭이 결정된다고 말한다.

아이가 사춘기일 때 엄마에게 요구되는 연기는 '용기'였다. 아이와의 갈등을 낳은 현실을 직면해야 문제를 풀어갈 수 있기 때문이다. 아이가 아동기일 때 요구되는 연기는 '중립'이다. '중립'이라는 용어가 쉽게 다가오지 않는다면 '존중'이라고 이해해도 좋겠다. 어려서부터 부모에게 존중을 받으며 자란 아이는 사춘기를 '있는 듯 없는 듯' 지나는 행운을 안겨줄 가능성이 매우 크다. 그러니 아이가 어리고 힘이 없다고 해서 함부로 대하거나 소홀히 여겨서는 안 된다. 아동기에 엄마의 그런 '액션'(무시)은 반드시 사춘기에 아이의 부정적 '리액션'(반항)으로 돌아올 것이기 때문이다.

내 아이가 아니라 아역배우처럼 바라보기

한국 사회는 고통이 점점 증가하고 있는 사회다. 교직이라는 세계에서만 이십여 년간 생활해온 나는 어쩌면 '우물 안 개구리'일지도 모른다. 하지만 교실이 '사회의 축소판'인 것만은 분명히 알고 있다. 그리고 그 '교실 속 세계'가 한 해가 다르게 힘과 능력과 세력들이 맞부딪치는 전쟁터가 되고 있음을 체감하고 있다.

내가 파악하고 있는 교실은 '생존의 세계'이다. 한순간 삐끗하면 언제든 벼랑으로 내몰릴 수 있는 아슬아슬한 구름다리 같은 곳이다. 싸움도 못 하고 공부도 못하고 패거리에 들지도 못한 아이들에게 교실은 언제든 '쌩 깜'을 당할 수 있는 곳, 곧 고립무원의 세상이 될 수 있는 곳이다. 아래의 실화처럼 말이다.

어느 날 한 아이가 엄마에게 이렇게 물었다. "엄마, 우리 반에 왕따 당하는 아이가 있어. 그 애랑 친하게 지내고 싶은데, 그랬다가는 나까지 왕따를 당할 것 같아. 나 어떻게 해야 돼?" 만약 독자가 아이에게 이런 질문을 받는다면 뭐라고 답할 것 같은가. 참으로 답하기 난감한 질문이 아닌가. 그저 아이로부터 이런 질문을 받지 않는 부모가 되기를 바랄 뿐이다. 그 아이의 질문에 엄마는 이렇게 대답했다고 한다.

"그 애가 참 안 됐기는 한데, 넌 개랑 친하게 지내지 마. 그랬다간 너도 왕따 당하게 될 거야."

이 이야기는 다음 날, 아이가 투신자살하는 것으로 끝난다. 아이가 말했던 친구의 이야기는 자기 자신의 이야기였다고 한다. 엄마가 걱정할까 봐 친구 이야기로 빗대서 말했던 것이다. "그 애랑 절대 가까이하지 말라"는 엄마의 말을 들었을 때, 아이는 자신이 교실에서 영원히 고립되리라 생각했을 것이다. 혼자 갇혀 있는 어둡고 무서운 터널이 결코 끝나지 않을 거라고 느꼈을 것이다.

아이와 대화할 때 아이가 말하는 내용이 중요하지 않을 때가 있다. 때로 말의 내용보다 말하는 방식이 본질일 수 있기 때문이다. 그때 어머니가 아이의 말하는 태도에 초점을 맞췄으면 어땠을까. 아이의 표정을 유심히 살피며 이렇게 물었다면 결과는 달라졌을지 모른다. "그런데, 엄마한테 그런 걸 왜 물어보는 거야? 너희 반 교실에 무슨 일 있니?"

오늘날 교실에는 '왕따 당하지 않으려면 왕따 시키는 존재에 속해 있어야 한다'는 두려움이 팽배해 있다. 물론 모든 교실이 그런 곳은 아니다. 그러나 모든 교실이 한순간에 그런 곳으로 변할 수 있다는 것 또한 사실이다. 우리 아이들의 무의식 깊은 곳에는 이러한 '생존의 두려움'이 각인되어 있다.

고통스러운 아이들의 배경에는 물론 고통스러운 삶을 사는 부모가 있다. 우리 사회는 전체적으로 고통의 양이 증가하고 있는데, 그 늘어난 고통의 무게가 점점 더 어린아이들의 삶까지 짓누르는 현상을 보인다.

모든 생명체는 지속적인 고통을 당할 때 자신의 생존을 위해서 누구든 공격하게 되어 있다. 아이들도 마찬가지이다. 요즈음의 초등학교 4, 5학년 아이들 중에는 예전 중2, 3학년이 보여줌 직한 반항을 보여주는 아이들이 많다. 내가 몸담은 독서토론 회원의 자녀 중에도 그런 행동으로 부모를 당혹스럽게 하는 아이들이 있다. 얼마 전 4학년 아들을 둔 배준희 회원으로부터 이런 고백을 들었다.

"큰애가 말을 안 들어서 회초리로 때린 적이 있어요. 애를 때리고 나면 엄마 마음도 짠해지고 너무 속상하잖아요. 그래서 그날 밤 큰애를 위로해주고 잤어요. 그런데 다음 날 남편이 '아들이 일기 같은 공책에 뭘 끄적인 것 같다'고 말하더라고요. 제 욕을 썼나 하고 읽어봤다가 온몸이 오싹해지는 충격을 받았어요."

그 공책에는 초등학교 4학년이 썼다고는 믿어지지 않는 글이 쓰여 있었다. 이런 내용이었다.

때리고 나서 미안하다는 법칙은 예측 가능하니까 우리에게는 통하지 않는다. 독재자 우리 엄마를 타도하라.

그 사건 이후 배준희 회원은 남편에게 "진보 성향 일간지 구독을 끊자"고 제안했다고 한다. 아이가 그 신문의 영향으로 지나치게 의식화되고 있다고 느꼈기 때문이다. 독서량이 많고 두뇌가 명석한 큰애는 자주 준희 씨에게 '어렵고 생뚱맞은 질문'을 해서 당황하게 만든 적이 많았다고 한다. 그럴 때마다 은근히 즐기는 듯한 아이의 모습에 준희 씨는 무시당하는 느낌을 받곤 했다. 준희 씨가 씁쓸한 표정으로 덧붙였다. "큰애가 애교를 잘 부리는데 그걸 통해서 나를 조종하고 있다는 느낌이 들 때도 있어요."

물론 아들이 그렇게 능글능글해지고 엄마 머리 위에서 놀려고 하게 된데는 '그럴 만한 이유'가 있을 것이다. 엄마로부터 공부에 대한 압박을 상당히 받았을 수 있다. 하지만 4학년인 아들에게 농락당하는 느낌이 들 정도로 존중받지 못하는 엄마가 그렇게 변한 아이를 존중하는 일 또한 쉽지 않은 것만은 분명하다.

허영선 회원에게도 4학년과 2학년 아들이 있었는데, 이 집 아이들은 정도가 조금 더 심했다. 첫 독서 모임을 시작한 날이었다. 30분쯤 지각한 허영선 회원이 늦게 온 사연을 들려주었다.

"아들들이 텔레비전 리모컨을 서로 갖겠다며 싸워서 중재하다가 늦었어요. 내가 중재한 건 안테나를 뽑은 것뿐이었지만 말이에요. 그러면서 격한 말들이 오갔어요. 그러고 나면 서로에게 감정의 찌꺼기가 남잖아요. 오늘이 독서모임 첫날인데, 첫날부터 그런 감정으로 나오고 싶지 않았어요."

그래서 영선 씨는 큰아들에게 '네가 엄마한테 함부로 말해서 엄마가 참 속상하다. 그 부분에 대해서 네 감정을 표현해주면 좋겠다'고 말했다. 그랬더니 아들이 했다는 말을 듣고 우리는 모두 어안이 벙벙해지고 말했다. "당신이 먼저 안테나를 끼워주면 그렇게 하겠다"고 했다는 것이었다. 영선 씨가 애써 덤덤한 표정을 지으며 말했다.

"아들한테 '그건 순서가 맞지 않는다'고 말했지만, 끝내 그런 표현을 해주지 않았어요. 그래도 감정을 좀 풀고 오고 싶어서 '우리 한 번씩 포옹하고 풀자'고 했지요. 그랬더니, 큰애가 포옹하고 싶지 않다고 하더라고요. 그래도 '한 번 하자'고 하면서 안아줬어요."

영선 씨는 그렇게 스킨십을 하고 나자 아이가 엄마의 감정을 조금 받아들이는 게 느껴졌다고 말했다. 나는 그토록 감정이 상할 대로 상한 상태에서도 아이를 안아주고 나온 데 경탄을 금할 수 없었다. 나 같았으면 그런 상황에선 결코 아이를 안아줄 수 없었을 것이기 때문이다.

나뿐만 아니라 어떤 부모라도 그런 자식을 안아주기란 너무도 힘든 일이다. 그럼에도 불구하고 우리는 그런 아이를 안아줄 필요가 있다. 그럴 때 이렇게 생각하면 어떨까. 아이를 '내 아이'가 아니라 '아역배우'라고 여기는 것이다. '나는 지금 내 아이를 안는 게 아니라 아역배우와 안는 연기를 하는 것이다'라고 자신을 세뇌해서라도 아이를 안아줘야 한다. 인간의 피부세포와 뇌세포는 유전적으로 같은 외배엽에서 진화되었기 때문에, 많이 안아줄수록 사랑받는다는 느낌을 받게 되기 때문이다.

하루 세 번 내 아이 안아주기 프로젝트   잠시 후, 독서토론이 한창 무르익었을 때 허영선 회원이 이런 제안을 했다.

"나는 우리 모임이 책 이야기하고 '아, 좋구나. 그래 맞아' 하면서 끝나는 모임이 되지 않았으면 좋겠어요. 힘들지만 하나라도 실천에 옮기는 모임이 됐으면 좋겠어요. 며칠 전 드라마에서 봤는데, 두 커플이 서로 소통하면서 관계를 조정해가는 모습이 보기 좋더라고요. 작가인 남자가 글을 써야 해서 일주일 동안 못 만난다고 하니까, 여자가 '그럼, 토요일 밤에는 만날 수 있지 않으냐'면서 맞춰 가더라고요. 우리도 그렇게 아이와 하나씩 맞춰갈 것들을 자신과 모두에게 약속하고 실천하면 어떨까요?"

허영선 회원의 제안은 큰 환영을 받았다. 회원들 모두 동의를 표하며 이런저런 의견을 냈다. '아이에 대해 칭찬노트 쓰고 인증샷을 올리자'거나 '교환일기처럼 아이와 포스트잇에 글을 써서 주고받자'는 의견도 나왔다. 이어서 강윤희 회원이 의견을 냈다. 강윤희 회원도 아들만 둘이었다.

"우리 큰애가 그러더라고요. '엄마들 글은 다 똑같다'고. 요즘은 스킨십이 가장 중요한 것 같단 생각이 들어요. 내가 사실 스킨십에 무척 약한 편이에요. 큰애가 길 가다가 뽀뽀해 달라고 하면 '무슨 짓이야?'하면서 거절해요. 애들이 자기 전에 안아달라고 할 때도 귀찮아하면서 안 안아주는 편이거든요. 그런데 문득 애들한테 매일 이 닦으라는 말을 3번 이상 하고, 씻으라고도 3번 하면서 내가 하루에 3번도 안아주지는 않는구나 하는 생각이 들더라고요. 그래서 오늘부터 '3·3·3'을 실천하기로 마음먹었어요."

강윤희 회원은 아침에 아이들을 안아주는 일에 성공했는데, 점심에는 마음에 들지 않는 일이 있어서 안아주지 못했다고 고백했다. 윤희 씨가 그런 결심을 한 데에는 친구가 겪은 일이 결정적인 계기가 됐다. 그 친구도 아들과 갈등이 깊은 엄마였다. 그 엄마는 한 달 전 아이가 무릎을 다쳐서 매일 머리를 감겨주고 세수를 시켜줘야 하는 신세가 됐다. 그러면서 스킨십을 자주하다 보니 어느 순간 아이와의 관계가 변했음을 알게 되었다. 아이와 더 이상 싸우지 않고 있었던 것이다.

"친구의 경험담을 들은 후부터 나도 아이가 아침에 학교 갈 때, 돌아왔을 때, 잠잘 때 안아주려고 노력하고 있어요."

강윤희 회원의 '3·3·3'은 하루에 세 번씩 아이를 씻게 하고, 이를 닦게 하고, 안아주는 것이었다. 이어서 강신자 회원이 강윤희 회원을 거들었다.

"아이를 하루에 두 번 안아주기도 쉽지 않더라고요. 전 아침에 한 번, 잠자기 전에 한 번 안아주기를 했었거든요. 처음엔 한 번 안아보자고 하면 딸애가 어깨만 삐쭉 내밀었어요. 그렇게라도 계속 안아주다 보니까, 조금씩 나아져서 나중엔 활짝 안게 되더라고요."

그렇게 '하루에 1가지씩 실천하기'는 '그럼에도 불구하고 내 아이 안아주기'로 의견이 모였다. 의견은 허영선 회원이 냈지만, 아이 안아주기에 대한 실천 의지는 전체 회원들 간에 이미 무르익어 있었다.

한 달 뒤 다시 만난 회원들은 한층 밝아진 얼굴로 프로젝트의 결실들을 들려주었다. 먼저 회장인 전호정 회원이 입을 열었다.

"매일 안아주던 걸 3회로 늘려서 아이들을 안아줬어요. 한날은 큰애가 '엄마 두 번째야!' 그러면서 세 번을 세고 있더라고요."

전호정 회원은 자주 안다 보니 6학년인 큰아들이 점점 '아기 짓'을 하더라며 웃었다. 그 모습이 보기 싫지 않고 귀여워 보였다고 한다. 오희정 회원이 뒤를 이었다.

"나도 '3번 안아주기'를 했어요. 생각해보니까 작은 애는 맨날 물고 빠는데, 6학년인 큰애는 열 살 이후로 안아준 적이 없더라고요. 큰애를 처음 안아줬을 때, '엄마, 변태 짓 한다'는 말까지 들었어요. 아침에 일어날 때 슬쩍 안아주면서 깨우는데, 그러면 애가 기겁하면서 벌떡 일어나요. 안아주는 게 쉽지 않더라고요. 그래서 큰애가 학교 갔다 왔을 때 뒤에서 기습적으로 안았는데 또 기절하다시피 하는 거예요."

오희정 회원은 엄마에게 잘 안기는 작은 아들과 달리 큰아들은 한 달 동안 안아주기를 했는데도 영 통하지 않았다며 아쉬움을 토로했다. 그 말을 듣고 난 내가 강신자 회원에게 슬쩍 공을 넘겼다.

"강신자 회원님, 아들이 그럴 땐 어떻게 해야 좋은지 조언 좀 해주세요. 회원님 딸이 처음에 안아주려고 했을 땐 어깨만 내밀었다가 점차 제대로 안게 됐다고 하셨잖아요."

강신자 회원이 며칠 전에 중2인 딸과 겪었던 일을 들려주었다.

"학교에 다녀온 딸이 '엄마, 나 너무 힘들어. 나 좀 안아줘'라고 하더라고요. 그래서 30초 동안 계속 안아줬더니 '왜 이렇게 오래 안아?'라며 자기가 풀어 버렸어요. 그때 딸에게 솔직하게 얘기했지요. '그동안 너를 못안아줘서 미안했는데, 이제부터는 안아주고 싶어서 이러는 거야'라고요."

이어서 강윤희 회원이 실천 결과를 들려주었다.

"나는 큰애한테 나를 안아달라고 했어요. 그랬더니 잘 안아주더라고요. 6학년이기 때문에 애 취급을 당한다고 느끼면 기분 나빠할 수도 있거든요. 난 처음에 '3번'에 집착을 했던 거 같아요. 그런데 살다 보면 애를 야단치게도 되고 애와 다투게도 되잖아요. 그러고 나면 안고 싶은 마음이 생기지 않기도 하고요. 그럴 때, '엄마 좀 안아줘 봐'라고 했더니 와서 잘 안겨요. 그러고 나면 또 감정이 스르르 풀리고요."

강윤희 회원은 "항상 애를 안아줄 생각을 하니 잘 안 싸우게 되더라"며 웃었다. 이어서 '아이 안아주기 프로젝트'를 제안했던 허영선 회원이 입을 열었다.

"저도 3회 안아주기를 열심히 실천했어요. 그런데 싸우고 나면 안 안아주게 되고, 다시 냉랭해지는 거예요. 그래서 분위기가 좋지 않더라도 큰애한테 '그래도 좀 안자'고 했어요. 어떨 땐 큰애가 '그래도 뽀뽀는 해야지'하면서 뽀뽀도 해요. 우리 아들이 시크했는데 '웃상'으로 바뀌었어요."

허영선 회원은 '이쁜 내 새끼'라는 말을 하는 것이 안는 것보다 더 힘들었는데 이젠 아이가 정말 이쁠 때가 많다며 웃었다.

회원들의 무용담(?) 같은 고백을 들으며 나는 마음이 짠해지는 걸 느꼈다. 사실 이보다 더 치열한 싸움이 어디 있겠는가! 그 눈물겨운 노력에 감탄하며 나는 열대 개미를 떠올렸다.

열대 개미들은 홍수가 나면 서로서로 꼭 붙잡아 동그랗게 원을 만든다고 한다. 그러고는 물 위를 둥실둥실 떠다닌다. 더욱 놀라운 것은 원의 한 가운데로 새끼들을 올려놓고 안전하게 보호한다는 사실이었다. 어린 개미들은 어미들의 보호로 물 한 방울 젖지 않은 채로 홍수를 지나간다고 한다. '내 아이 안아주기 프로젝트'를 실천한 엄마들도 재난 상황처럼 위태로운 우리 아이들을 지켜내기 위해서 서로를 꼭 붙들고 원을 만든 것이었다.

주시가 아닌 응시하는 부모가 되자

과학저널리스트 신성욱은 "응시가 뇌를 조각彫刻한다"고 말한다. 응시凝視의 사전적 의미는 '한참 동안 뚫어지게 자세히 보는 것'인데, 여기서 방점은 '자세히'에 있다. 응시를 제대로 이해하려면 반대 개념인 '주시注視'를 이해할 필요가 있다. 주시는 '주의를 집중하여 바라보는 것'이다. 언뜻 들으면 차이가 없는 말 같기도 하다. 하지만 아이에게는 천양지차로 느껴지는 시선이다. 우리는 아이를 응시해야 할까, 주시해야 할까?

신성욱은 아이를 응시하라고 말한다. 그가 설명하는 응시는 "한발 물러서서 지그시 바라보는 것"이다. 아이를 자세히 보되, 지그시 바라볼 때 아이의 뇌가 성장한다는 것이다. 반면에 부모로부터 주시당할 때 아이의 뇌는 제대로 자라지 못한다고 한다. '감시에 가깝게 지켜보는 것'인 주시는 아이에게 스트레스를 일으키고, 그 스트레스는 뇌가 자라는 데 천적이기 때문이다.

부모의 '주의 깊으면서도 부드러운 시선'을 받는 아이의 뇌는 시냅스들이 자유롭게 연결되면서 신경망을 폭넓게 형성해간다. 뇌 발달이 이루어지는 것이다. 아이의 뇌 성장에 있어서 만 6세는 대단히 중요한 기점이다. 이때부터 인간만의 고유한 능력인 타인의 고통에 공감하는 능력, 억제하고 절제하는 능력, 미래의 일을 예측하고 판단하는 능력 들을 발달시키게 되기 때문이다. 이런 능력들을 '휴먼 스킬'이라고 하는데, 부모의 응시는 아이로 하여금 휴먼 스킬을 배우고 익히게 해준다고 한다.

내 아이가 인간미 없고 부모에 대한 존중이 부족하다면 부모 자신의 시선을 점검할 필요가 있다. 자신이 지금 아이를 주시하고 있는지, 응시하고 있는지 냉정하게 돌아봐야 한다.

하지만 부모가 천차만별의 행동을 보이는 아이에게 지속적으로 응시의 시선을 보내기란 쉬운 일이 아니다. 심리기획자 이명수는 아이를 주시하지 않고 응시하기 위해서는 '죽을힘을 다해 버티는 힘'이 필요하다고 말한다.

그의 막내아들은 자폐에 가까울 정도로 말문이 트지 않았고 사교성도 없었다. 중학생이 되도록 농담도 잘 알아듣지 못할 정도였다. 행동도 매우 굼떠서 밥 먹는데 1시간 30분이나 걸렸다. 그래서 식당에 갈 때면 주인에게 "아이가 밥을 늦게 먹으니 테이블 2개를 차지한 값을 내겠다"고 먼저 부탁하곤 했다고 한다. 물론 그런 작업은 아이가 모르게 진행되었다. 그러면서 막내에게 늘 "넌 머리가 좋고 똑똑하다"고 말해주었다.

그랬던 막내가 변화를 보이기 시작한 건 중학교 3학년 때부터였다. 친구를 사귀기 시작했고 공부에도 흥미를 보였던 것이다. 그때까지 이명수는 기도하는 심정으로 기다리며 견뎌왔노라고 고백한다. 그 긴 시간 동안 응시의 자세를 잃지 않기 위해서 십자수를 놓으며 성질을 죽여 왔다고 한다. 때로는 어금니를 물며 참기도 했다.

이명수는 부모가 응시의 시선을 지키는 것이 아이에게 '100만 평쯤 되는 목장의 울타리가 되어주는 것'과 같다고 말한다. 그 정도로 큰 목장이라면, 평소에 아이는 울타리가 있는 줄도 모르고 지낼 것이다. 그러다 어쩌다가 벼랑 끝에 다가서게 됐을 때 '어, 여기 울타리가 있었네?'라고 느낄 것이다. 부모의 응시는 아이에게 그렇게 느껴지는 것이 되어야 한다. 평소에는 자신을 바라보고 있는지조차 몰랐지만, 벼랑 끝과 같은 한계에 직면했을 때 든든한 울타리처럼 자신을 지지해주는 시선, 그것이 부모의 '응시'이다.

하지만 부모는 일상 속에서 무시로 아이에 대한 응시를 포기하고 주시하고 싶은 상황과 맞닥뜨리게 된다. 그럴 때는 아이를 '내 아이'가 아니라 '아역배우'라고 여길 필요가 있다. 내 아이의 삶은 응시하기가 어렵지만, 아역배우의 삶은 응시하기가 한결 수월하기 때문이다.

아이가 갈등 상황에 처했다면
한 발짝 떨어져 바라보라

아이가 자람에 따라 다른 아이들과 갈등을 겪는 일이 필연적으로 생긴다. 이때 냉정함을 유지하며 현명한 조언자가 되기란 쉬운 일이 아니다. 영적 스승들은 그럴 때 "아이의 상황을 스크린으로 보듯이 바라보라"고 권한다. 그들은 자기 자신조차 그 스크린 속에 놓고 바라본다고 말하지만, 그렇게 차원 높은 단계는 우리의 소관이 아닌 듯하니 일단 제쳐두자.

먼저 갈등 상황에 있는 내 아이와 다른 아이를 스크린으로 보는 방법부터 살펴보자. 나는 딸이 친구와 다퉜을 때 '스크린으로 바라보기'를 통해 도움을 준 적이 있다.

아이의 갈등 상황을 중재하다

딸이 중3이었던 어느 무더운 여름날에 일어났던 일이다. 학교에서 돌아온 진이가 방에서 숙제하다 말고 다급히 거실로 뛰어나왔다.

"아빠! 수지한테 문자 왔는데, 내일 나랑 학교에 가기 싫대!"

수지는 1학년 때부터 딸아이의 베스트프렌드인 여학생이었다. 딸이 내
민 핸드폰에는 이런 문자가 찍혀 있었다.

'너랑 같이 다니는 게 힘들고 신경 쓰여서 내일 혼자 갈 거야.'

순둥이였던 수지가 이런 문자를 보낸 배경에는 딸이 뭔가 섭섭하게 한
일이 있었으리라는 생각이 들었다. 나는 딸에게 오늘 혹시 수지의 자존심
을 건드린 일이 없었는지 물었다. 진이가 학교를 마친 후 수지와 함께 학
원에 가면서 있었던 일을 털어놓았다.

"오늘따라 날씨가 너무 더웠잖아. 수지가 계속 부채질을 했는데, 그게
좀 거슬렸어. 내가 수지한테 '난 안 더운데 왜 부채질을 하냐?', '네가 부치
는 더운 바람 때문에 더 덥다'며 불평했거든. 내 말에 수지는 '난 시원한 바
람인데……'라고만 했어."

수지는 그 뒤부터 진이가 하는 농담에 계속 대답해주지 않았다고 한다.
진이는 그게 또 싫어서 "왜 대답을 하지 않느냐"며 짜증을 냈단다. 부채질
한다고 짜증 내기 전까지 수지의 모습은 평소와 다르지 않았다고 했다.

"그럼, 네가 부채질로 짜증 낸 것 때문에 수지가 상처받은 게 틀림없네."

내 말에 딸이 고개를 끄덕이며 대답했다.

"그랬던 거 같아. 학원 끝난 다음에 수지가 계속 뒤처져서 왔거든. 녹색
신호등으로 바뀌었는데도 수지가 계속 서 있길래 나 혼자 왔어."

진이의 말을 듣고 난 나는 잠시 생각에 잠겼다. 딸이 말한 신호등이 있
는 사거리는 내가 30분 전에 걸어온 길이기도 했다. 나는 눈을 감고 신호
등이 있는 횡단보도를 떠올렸다. 이어서 나의 시점을 부감 샷으로 하늘 높

이 띠워 올렸다. 신호등을 건너는 진이와 뒤처져서 서 있는 수지의 모습이 보였다. 가슴에 상처를 입은 채 멀어져 가는 친구를 망연히 바라보는 수지의 얼굴이 클로즈업됐다.

나는 진이에게 일단 부채질로 짜증 냈던 것에 대해 사과하라고 조언했다. 딸이 사과 문자를 보내자 수지로부터 답신이 왔다.

'그 말 때문에 화가 났었는데, 네가 대답 안 한다고 계속 짜증 냈기 때문에 더 화가 났어.'

진이는 내 지시를 받고 수지에게 '네 마음을 이해한다'는 사과의 문자를 또 보냈다. 그러면서 의아한 얼굴로 이런다고 수지 마음이 풀리겠느냐고 물었다. 내가 확신에 찬 목소리로 진이에게 대답했다.

"그럼! 사람은 누구나 상처받았던 일에 대해 진심어린 사과를 받으면 감정이 풀리게 되어있어."

잠시 후, 진이가 방에서 뛰어나오며 "아빠, 수지 마음이 거의 풀렸어! 문자가 많이 부드러워졌어"라며 소리쳤다. 진이는 기쁜 얼굴로 계속 수지와 문자를 주고받았다. 그러던 딸이 잠시 후 조금 실망한 얼굴로 내게 말했다.

"아빠! 그런데 아직도 수지 마음을 잘 모르겠어. 내가 '내일 아침에 학교에 혼자 갈 거야?'라고 물었더니, '모르겠어'라고 대답했어."

그러면서 진이가 보여준 핸드폰 화면에는 수지가 '휴~ 나 내일 혼자 가야 하는 거야?'라고 물은 내용이 있었다. 그 문자를 본 내가 안타까워하며 말했다.

"그랬는데, '혼가 갈 거야?'라고 다시 문자를 보낸 거야? 그땐 '당근 나랑 같이 가야지'라고 보냈어야지."

진이가 혼자 갈 거냐고 물었기 때문에 수지가 모르겠다고 대답한 것이었다. '모르겠다'는 말은 '같이 갖고 싶지만 아직 서운한 감정이 남아 있어서 대답을 못 하겠다'는 뜻이라는 내 말을 듣고 난 진이가 아하, 하는 표정을 지으며 말했다.

"그렇구나! 그럼 이제 뭐라고 보내야 해?"

나는 '그럼 더 생각해보고 대답해줘. 잠자기 전에 내가 다시 문자 보낼게. 난 너랑 같이 가고 싶어'라고 보내라고 알려주었다. 그러자 진이가 '너랑 같이 가고 싶다'는 말은 자존심 때문에 보내고 싶지 않다고 말했다.

"잘 생각해봐. '휴~ 나 내일 혼자 가야 하는 거야?'라는 말은 '너랑 같이 가고 싶다'는 뜻이잖아. 그런데 아직 '같이 가자'는 말을 하기엔 자존심이 상하는 거고. 이럴 땐 자존심을 상하게 한 사람이 먼저 말해주는 거야."

내 설명을 듣고 난 딸이 고개를 끄덕이며 방으로 돌아갔다.

그날 밤 잠들기 전 딸아이가 웃는 얼굴로 나를 찾아왔다.

"아빠, 내일 수지랑 학교에 같이 가기로 약속했어. 역시 우리 아빠야."

진이가 베프 수지를 섭섭하게 만들었던 건 수지의 감정을 외면했기 때문이었다. 마찬가지로 그로 인해 당혹스러워하던 딸의 감정을 내가 소홀히 대했다면 딸과 나의 관계 또한 손상되었을 것이다.

날마다 가정에서 벌어지는 다급한 일들 가운데 가장 중요한 일은 무엇일까? 나는 '가족의 감정을 돌보는 일'이라고 확신한다. 지금 가족 중 누군가 감정에 상처를 입었거나 의기소침해 있다면, 당장 모든 일을 내려놓고 그의 감정을 보살피는 일에 힘써야 한다. 감정은 인간의 가장 소중한 자산이자 본질이기 때문이다.

아들이 6학년 때 구민체육센터에서 농구를 배운 적이 있었다. 그때 같이 농구를 배웠던 중학생 중 우리 학교 2학년이었던 진석이라는 아이가 있었다. 진석은 준이가 같은 학교 체육 선생님의 아들이라는 사실을 알고부터 친절하게 대하며 많이 신경 써 주었다. 나는 진석을 가르친 적이 없었기 때문에 이름만 들었을 뿐 얼굴은 모르고 있었다.

그러던 어느 날, 농구를 배우고 돌아온 아들이 진석이 자신을 괴롭혀서 농구를 배우러 가기 싫다고 말하는 것이었다. 그 말을 들은 순간 '뭐라고? 이 녀석이 괘씸하게 같은 학교 선생님 아들을 괴롭히다니' 하는 생각이 들었다. 그러나 곧 준이의 말만 듣고 판단해서는 안 된다고 생각했다. 이는 학교에서 무수한 갈등들을 겪어오며 얻은 깨달음이기도 하다. 학급에서 두 아이가 싸웠을 때, 반드시 두 아이의 말을 다 들은 다음에 판단해야 한다. 심지어 한 아이가 일방적으로 맞았다고 해도, 반드시 때린 아이의 말까지 들어본 후에 잘잘못을 따지는 것이 현명한 처신이다.

나는 잠시 판단을 미룬 뒤 준이가 진석과 왜 다툰 것일지 곰곰이 생각했다. 그러자 무슨 일이 있었을지 곧 짐작이 되었다. 나는 아들의 눈을 바라보며 물었다.

"준이야, 아빠한테 솔직하게 얘기해봐. 네가 먼저 진석이 형한테 심하게 장난치고 놀렸지?"

준이가 이실직고를 했다.

"응, 아빠. 내가 진석이 형 키도 작고 농구도 못한다고 계속 놀렸어. 그래서 그 형이 까불면 패주겠다고 했던 거 같아."

"그래, 아빠 생각도 네가 진석이한테 심하게 장난을 쳤기 때문에 진석이가 너무 화가 나서 그랬던 것 같아."

나는 준이에게 그동안 심하게 장난친 점을 사과하라고 말했다. 그러면 그 형이 전처럼 친하게 대해줄 거라는 말과 함께.

다음 날, 체육센터에 다녀온 준이가 환하게 웃으며 내게 말했다.

"아빠, 진석이 형하고 다시 화해했어."

부모는 아이가 갈등 상황에 처했을 때, '부모이면서 부모가 아닌 것처럼' 상황을 볼 줄 알아야 한다. 그래야 현명한 중재자가 될 수 있다. 나 역시도 딸이 절친 때문에 속상해 했을 때나, 아들이 같이 농구를 배우는 형 때문에 겁을 먹었을 때, '이 녀석들이 감히 우리 애들한테?' 하는 생각이 들었다. 이는 부모라면 자연스럽게 갖게 되는 보호본능에서 비롯된 것일 터이다. 하지만 그 생각을 따라가면 일을 그르치게 된다. 그럴 때 부모는 '부모가 아닌 것처럼' 상황을 볼 줄 알아야 한다. 또한 아이가 힘든 일을 겪을 때일수록, 부모는 '힘들지만 힘든 일이 아닌 척' 연기할 줄도 알아야 한다. 다음 이야기에 나오는 어머니는 그런 모습을 탁월하게 보여준다.

책 《울고 있는 사람과 함께 울 수 있어서 행복하다》에 나오는 이야기이다. 저자인 유정옥 사모님이 남편 목사님과 함께 군에 간 큰아들 면회를 갔다. 세 가족은 여느 가족들처럼 즐거운 이야기꽃을 피웠다. 그러다 아버지가 잠시 화장실에 간 사이, 아들이 어머니에게 청천벽력 같은 고백을 들려주었다.

"선임이 아침마다 밥 먹기 전에 연병장을 뛰고 자기에게 보고하라고 해요. 제가 천식이 있잖아요. 그래서 겨우 연병장을 다 뛰고 나면 밥을 못

먹어요."

그 말을 들은 어머니는 온몸의 힘이 빠지면서 심장이 멎을 것 같았다고 한다. 속 깊은 아들이 어머니에게 고통을 토로했다는 것은, 죽을 만큼 힘들다는 호소였기 때문이다. 가슴을 찌르는 통증을 참으며 심호흡한 뒤에 어머니가 아들에게 말했다.

"그 선임이 자신이 신참이었을 때보다 네가 너무 편하게 군 생활을 한다고 느끼나 보다. 내일부터는 억지로 뛰지 말고 기쁜 마음으로 연병장을 뛰거라."

어머니는 거기에서 더 나아가 아들에게 다 뛰고 나서 선임에게 '고맙다'고 하라는 말까지 했다. 하나님은 우리의 모든 것을 선으로 바꾸시는 분이라는 것을 확실히 믿으라는 말과 함께.

어머니가 그런 말을 했다는 게 쉽게 믿기지 않는 독자도 있을 것이다. 이 이야기는 십여 년 전의 사건이라는 것을 참고할 필요가 있다. 요즘 같으면 당장 부대 책임자에게 시정을 요구할 테지만, 당시만 해도 그런 대응은 아들을 '군대 부적응자'로 낙인찍게 할 위험이 있다는 점에서 (물론 지금도 마찬가지지만) 풀기 어려운 난제였다. 어머니의 그런 조언은 아들의 신앙에 대한 믿음이 있었기에 가능했을 것이다.

일주일 뒤, 아들로부터 놀라운 전화가 왔다.

"며칠 동안 기쁜 마음으로 연병장을 뛰었더니, 천식 증상이 없어졌어요. 전에는 뛰다가 숨이 막혀서 쓰러졌다가 다시 뛰어야 했는데, 하나님이 천식을 낫게 해주셨어요. 너무 괴로울 때는 선임과 한바탕 싸우고 다 끝내고 싶은 마음도 들었었는데, 어머니 말씀대로 했더니 기적이 일어났어요."

아들은 연병장을 다 뛰고 나서 선임에게 고맙다는 말까지 했다고 한다.

그랬더니 선임이 놀라면서 내일부터는 뛰지 말라고 했다는 것이었다. 이어서 그는 내일부터는 선임 때문이 아니라 자기 자신을 위해서 운동장을 뛰겠다는 다짐을 전했다.

이 이야기에서 내가 주목하고 싶은 건 어머니가 온몸의 힘이 빠지는 상황에서도 심호흡으로 정신을 바짝 차렸다는 사실이다. 그 어머니는 하얗게 질린 얼굴로 "그럼 어떡하니? 이거 정말 큰일 났구나"라고 말하지 않았다. 그녀는 쓰러질 것 같은 상태였음에도 아들에게 '이건 그리 큰일이 아니다. 넌 이 어려움을 잘 헤쳐 나갈 수 있을 거야'라는 메시지를 보내주었다.

어머니는 아들에게 죽을 것 같은 고통을 주는 선임의 감정까지 헤아렸던 것 같다. 그랬기에 "내일부터는 억지로 뛰지 말고 기쁜 마음으로 연병장을 뛰고, 다 뛴 다음엔 선임에게 고맙다고 해라"는 조언을 할 수 있었을 것이다. 누군가의 행동을 변화시키려면 먼저 그의 감정을 받아들여줘야 한다. 그 선임은 자신보다 늦게 입대한 신참이 편하게 생활하는 것에 대해 억울한 감정을 느끼고 있었을 것이다. 때문에 신참에게 운동장을 뛰게 함으로써 그 억울함을 공평하게 바로잡으려 했을 터였다.

선임은 어느 날 연병장을 뛰고 온 신참이 고맙다며 경례를 붙였을 때 크게 당황했을 것이다. 속으로 '이놈이 지금 연기하나?' 하는 생각이 들었을지도 모른다. 그렇다. 그것은 연기였다. 하지만 혼이 담겨 있는 연기였다. 아무리 천식이 나았기로서니, 자신을 괴롭히려고 운동장을 돌게 한 사람에게 어떻게 고마워할 수 있겠는가. 하지만 아들은 고마워하면서 경례하는 연기를 해냈다. 그것은 영혼 없는 연기가 아니라 진정성 있는 연기였을 것이다. 그렇지 않았다면 선임이 "내일부터 연병장을 뛰지 말라"는 리액션을 보여주지 않았으리라.

**아들의 인생을 배려한
어느 아버지의 연기** 틱 낫한 스님의 책 《법화경》에는 아들에게 아버지가 아닌 척한 상인의 우화가 나온다.

　　　　　　　　　옛날 인도에 어마어마한 부자 상인이 살았다. 그에게는 아들이 하나 있었는데, 어느 날 어린 아들을 그만 잃어버리고 말았다. 그로부터 십여 년이 지난 뒤 길을 가던 아버지가 아들을 만났다. 틀림없는 상인의 아들이었다. 고아로 자라난 아들은 거지꼴이 되어 부랑자로 살고 있었다. 아버지는 천민이 된 아들을 데리고 오라고 일꾼들을 보냈다. 하지만 아들은 자신을 잡으러 온 사람들인 줄 알고 처음엔 도망을 쳤다.

　일꾼들에게 '붙잡혀' 온 아들이 벌벌 떨고 있는 모습을 본 상인은 마음을 바꾸고 이렇게 말했다.

　"자네를 붙잡은 건 실수였네. 자네가 죄를 저질렀다고 생각했는데, 사실은 그게 아니었어. 아무 죄도 없으니 어디건 자네 가고 싶은 곳으로 가게나."

　아들은 그 말이 끝나자마자 저택을 빠져나가 줄행랑을 쳤다. 상인은 두 심복에게 더럽고 찢어진 옷을 입힌 뒤 아들을 따라 다니며 친구가 되어주라고 지시했다. 그들의 충실한 연기로 아들은 곧 그들과 친한 친구가 되었다.

　이어서 주인의 명을 받은 심복들은 아들을 데리고 가서 함께 일한 다음 약간의 품삯을 주었다. 상인은 이때도 아들에게 배설물을 치우거나 쓰레기를 실어 나르는 것처럼 천민들마저 꺼리는 일을 주라고 지시했다. 평생 찢어지는 가난 속에서 살아온 아들이 그런 비천한 일 외에는 하려 들지 않을 것을 잘 알고 있었기 때문이다. 그러자 아들은 먹을 것을 걱정하지 않아도 되는 데 크게 만족하며 일했다.

얼마 뒤, 상인은 평범한 노동자처럼 위장하고 아들을 만나 이렇게 안심시켰다.

"자네가 내 친아들은 아니지만, 나는 내 밑에서 일하는 사람들을 모두 친아들처럼 생각한다네. 그러니까 나를 두려워하지 않아도 되네."

그렇게 아들과 조금씩 가까워진 상인은 얼마 뒤 아들에게 '자네를 내 양자로 삼고 싶다'고 말했다. 아들은 황송해 하며 기꺼이 양자가 되었다.

그 후 아들은 상인의 신뢰를 한몸에 받는 하인으로 자리 잡아갔다. 이제 그는 두려움이나 거리낌 없이 상인의 저택을 드나들 수 있는 사람이 되었고, 점점 중요한 일을 맡게 되었다. 그 뒤에도 아들은 여전히 자신을 상인의 양자이자 충직한 하인으로 생각하며 살았다고 한다.

우화는 거기에서 끝나지만, 나는 상인이 아들이 친아들이라는 사실을 받아들일 수 있는 시점이 되었을 때 "내가 네 아버지다"라고 밝혔으리라 믿는다.

만약에 부자 상인이 거렁뱅이 아들을 보자마자 아버지임을 밝혔다면 어떻게 됐을까? 아마도 아들은 갑작스럽게 변화한 환경에 적응하지 못해 폐인이 되거나 아버지의 큰 근심이 되었을 것이다. 갑자기 큰 부를 얻은 졸부의 자녀들이 비참한 삶을 사는 것과 비슷한 행로를 걸었을지 모른다.

부자 상인은 비천한 삶을 살고 있던 아들을 발견했을 때 가슴이 미어지듯 아팠으나, 단번에 자식에게 부를 안겨주지 않았다. 이처럼 자식이 고통스럽게 사는 모습을 볼 때, 부자 상인처럼 냉정하고 현명하게 대처하는 일은 결코 쉬운 일이 아니다.

나는 학교에서 '내 아이의 고통을 빨리 없애주겠노라'는 섣부른 열망에 사로잡혀 아이를 망치는 부모들을 종종 보곤 한다. 특히 학교 폭력으로 가해자나 피해자가 된 아이들의 부모들로부터 그런 모습을 자주 본다. 가해자 부모인 경우 자식의 잘못을 축소시키려고 사실을 은폐하기도 하고, 피해자 부모의 경우 내 자식을 괴롭힌 아이를 직접 혼내서 문제를 해결하려 하기도 한다. 그러면 아이들은 그 사건을 통해 어떤 교훈도 얻지 못한 채 왜곡된 가치관만 습득하게 된다. 결론적으로 더 큰 고통과 더 깊은 트라우마를 얻을 뿐이다.

아이가 힘든 일을 겪을수록 부모는 '부모라는 자의식'을 내려놓을 필요가 있다. 부모라는 자의식이 오히려 문제를 해결하는 데 방해가 되기 때문이다. 오히려 부모는 냉정할 정도로 객관적인 '관찰자'가 되어야 한다. 아이가 겪고 있는 상황을 스크린으로 보듯 바라볼 때 비로소 문제해결의 실마리가 잡히기 때문이다.

열강들이 식민지 지배에 열을 올리던 시절, 네덜란드는 식민지였던 인도네시아의 초등학교에 운동장을 일부러 작게 만들거나 아예 없앴다고 한다. 식민지 아이들의 정신이 크고 넓어지는 것을 막기 위한 속셈이었다. 매우 잔인한 방식이었지만 심리학적으로 타당성이 있는 정책이었다고 한다.

정혜신 박사는 인간의 정신과 사유가 활짝 피어나기 위해서는 '텅 빈 운동장' 같은 '여백성' 또는 '무자극성'이 있어야 한다고 말한다. 그녀는 그런 맥락에서 오랜만에 아이를 위해 시간을 낸 부모가 함께 해외여행을 하거나 값비싼 외식을 하려 하는 것은 어리석은 선택이라고 주장한다. 무자극적인 일들, '함께 라면 끓여먹기'나 '분리수거 같이하기' 같은 시시한 듯 평범한 일상을 나눌 때 오히려 관계가 더 두터워지고 끈끈해진다는 것이다.

또한 그녀는 "자식에게 좋은 무언가를 끊임없이 제공하는 것보다 더 좋은 것은 '방해하지 않는 것'이다"라고 말한다. 그녀는 '아이를 돌이 자라는 것처럼 지켜볼 줄 아는' 힘이 부모의 진정한 내공이라고 주장하기도 한다.

그런데 부모가 아이의 상황에 주도면밀하고 적극적으로 개입해야 하는 상황이 있다. 아이가 생존에 위협을 당하는 상황이다.

그럼에도 무조건 아이 편을 들어줘야 하는 순간이 있다

학교에서 집으로 돌아온 아내가 머리끝까지 화가 난 목소리로 말했다.

"준이 때문에 정말 미치겠어! 지가 엄마 아빠가 없기를 해, 아버지가 무섭기를 해? 그런 애들은 이유나 있으니까 이해하지."

5학년이었던 아들은 엄마와 같은 학교에 다니고 있었다. 감기 기운 때문에 침대에 누워있던 나는 무슨 영문인지 몰라 아내를 쳐다보았다. 침대에서 일어나 아들이 학교에서 무슨 사고라도 쳤느냐고 묻자 아내가 말했다.

"저놈 무에타이 배우게 한 게 후회돼. 걸핏하면 주먹을 휘두르잖아. 그것도 여자애 뺨을 때리고 몸도 막 때렸대. 아니, 엄마가 같은 학교 선생님인데 아들이 저렇게 개차반 짓을 하면 어떻게 해? 내가 학교를 어떻게 다니겠어?"

아들과 같은 초등학교에 근무하던 아내로서는 여간 민망한 일이 아니었을 터였다. 나더러 알아서 교육하라고 한 뒤 아내는 머리를 가로저으며 소파 속으로 몸을 파묻었다. 아버지가 나서야 할 상황이라는 걸 직감했지만, 아들 녀석을 어떻게 혼내야 할지 막막했다. 일단 아들을 안방으로 부르자, 잔뜩 겁먹은 얼굴로 녀석이 방으로 들어왔다.

"너 정말 여자애를 때렸어?"

준이가 괴로운 표정으로 고개를 주억거렸다.

"왜, 무슨 말을 하다가, 어떻게 때렸는지 일단 자세하게 써 와. 하나도 빠트리지 말고 써야 해!"

잠시 후 녀석이 써 온 글을 읽어보았다. 준이가 먼저 연희라는 여자애를 놀렸는데, 연희가 '손진이 최불암'이라고 놀렸던 모양이었다. 자기 여동생을 모욕한 데 화가 치민 녀석이 연희의 멱살을 잡고 다시 한 번 말해보라고 하자 연희가 아들을 한 번 더 놀렸단다. 그러자 준이가 연희의 따귀를 때리고 주먹으로 배와 어깨 등을 때린 것이었다. 허구한 날 싸움질만 하던 여동생에게 그날은 왜 그리도 큰 가족애를 발휘했는지 모를 일이었다. 내가 아들에게 엄한 목소리로 말했다.

"지난번에도 교회 동생 심하게 때려가지고 엄마 곤란하게 만들었지? 그때 절대 폭력은 안 된다고 엄마 아빠가 그렇게 얘기했는데, 이번엔 아예 여자애를 때려? 이렇게 자기감정을 조절하지 못하는 게 게임에 중독된 애들의 특성이야. 이번 잘못의 벌로 게임을 얼마나 끊어야 할지 네 생각을 말해봐."

준이는 벌레를 씹은 듯한 표정으로 "일주일쯤이요"라고 대답했다. 그때 아내가 연희와 통화하는 목소리가 들려왔다.

"응, 연희구나. 그래 선생님이야. 연희야, 어떡하냐? 준이 놈이 너한테 너무 큰 잘못을 했어. 지금 우리한테 엄청 혼나고 있어."

아내는 준이 때문에 진심으로 미안해하고 있었다.

"뭐? 혼내지 말라고? 네가 잘못해서 맞은 거라고? 아니야, 그건 전적으로 준이가 잘못한 거야."

통화 내용을 가만히 들어보니, 연희는 준이가 많이 혼날까 봐 오히려 걱정하는 듯했다. 통화를 끝낸 아내가 감동한 얼굴로 연희가 준이를 용서해주라고 말했다고 했다. 연희는 준이와의 일을 집에 말하지도 않은 모양이었다.

나는 아내의 말에 한시름 놓으며 준이에게 진심으로 사과하는 편지를 쓰라고 했다. 아들은 편지를 쓰면 다른 애들이 오해할 수 있다며 난처한 기색을 보였다. 그 모습을 보며 내가 버럭 역정을 냈다.

"야, 인마! 지금 오해받는 게 문제야? 너 지금 연희한테 진짜 잘못했다고 생각하는 거야?"

준이가 기어들어가는 목소리로 대답했다.

"네, 쓸게요. ……근데 뭐라고 써야 해요?"

"놀린 거랑 때린 거 미안하다고 쓰고, '내 뺨을 열 대 때리라'고 써. 그리고 '내 배도 열 대 때리라'고 하고!"

"연희가 아마 안 때린다고 할 텐데요?"

"네가 안 때리면 집에 가서 부모님께 혼난다'고 써. 열 대씩 맞을 때까지 매일 혼날 거라고 해. 그럼 언젠가는 때릴 거 아냐? 빨리 써서 가지고 와."

잠시 뒤, 아들이 편지를 써 왔다. 나는 그것을 다 읽고 "좋아, 잘 썼어. 내일 꼭 성공해야 해"라고 말해주었다. 준이가 굳은 얼굴로 고개를 끄덕였다.

다음 날, 준이가 학교에서 돌아오자마자 어떻게 됐느냐고 물어보았다.

"연희가 괜찮다고 했어."

심드렁하게 대답한 아들에게 내가 재차 물었다.

"그래서?"

"그래서 그냥 왔어. 근데 편지를 주니까 걔가 '앗싸!'라고 했어."

연희가 진짜 사귀자는 편지로 오해했던 거 아니냐고 묻자, 녀석은 심드 렁한 표정으로 모르겠다고 대답했다.

저녁을 먹으며 곰곰이 생각해보니, 연희가 준이에게 호감을 느끼고 있 다는 생각이 들었다. 된장국을 떠먹으며 내가 아들에게 말했다.

"준이야, 아빠가 생각해보니까 연희가 네 편지를 받았을 때 '앗싸'라고 하 며 좋아했던 건 너한테 좋은 감정이 있다는 뜻이야. 그동안 너를 놀리고 못 살 게 굴었던 것도 너한테 호감이 있었기 때문일 거야."

"에이, 아닐걸?"

"아니야. 아무튼 네가 자기를 심하게 때렸는데도 좋은 감정을 가졌다는 건 얼마나 고마운 일이냐? 안 그래? 그러니까 이제부터는 연희의 좋은 감 정을 잘 지켜주면서 대해주도록 해, 알았지?"

준이가 수긍이 간다는 표정으로 그러겠다고 대답했다. 그러자 아내가 한술 더 뜨며 이참에 연희랑 사귀라고 부추겼다. 준이가 펄쩍 뛰며 소리 를 질렀다.

"그건 싫어!"

기겁했지만 녀석은 그 사건을 통해서 연희에 대해 더 깊이 이해한 듯했 다. 새터민이었던 연희의 어머니는 딸을 잘 다루지 못했다고 한다. 160센티미터가 넘는 키에 날씬하고 예뻤던 연희는 공부는 못 했지만 멋을 부리는 데는 타고난 능력이 있었다. 그럼에도 남자애들한테 시비를 잘 걸고 못되게 구는 성격 때문에 담임 선생님도 고민이었다고 한다. 골칫덩어리로만 알았던 연희의 마음속에 그렇게 넓은 아량이 있었을 줄은 상상도 하지 못한 일이었다. 준이는 '사람은 겉으로 보는 것과는 달리 마음속에 빛나는 마음씨를 갖고 있다'는 것을 연희를 통해서 어렴풋이 배운 듯했다.

사건이 그렇게 마무리될 수 있었던 건 아내가 손찌검한 아들의 엄마 역할을 충실히 해주었기 때문이었다. 아내는 연희가 무의식적으로 기대하던 배역(자신을 때린 아이를 혼내주는 아줌마 역)을 잘 연기해주었다.

**내 아이가 괴롭힘을
당할 때는 어떻게 해야 하나**

중학교 1학년 때, 아들이 아침마다 "학교에 가기 싫다"고 말한 적이 있었다. 같은 반에 자꾸 때리고 놀리면서 도망치는 친구가 있었는데, 살이 쪄서 달리기가 느렸던 준이는 때리고 도망가는 아이를 잡을 수 없어서 바싹 약이 올라 있었다. 게다가 아들이 가장 싫어했던 '돼지'라는 말로 놀려댔기 때문에 더욱 학교에 가기 싫은 듯했다. 다행히 아들은 얼마 뒤, 스스로 문제를 해결하고 학교에 잘 다녀 주었다. 준이는 그 아이와 다른 친구들에게 먹을 것을 사주면서 친해지는 전략을 썼다.

글로는 이렇게 간단히 정리되지만, 사실 아침마다 아들을 달래서 학교에 보내는 일이 쉽지는 않았다. 처음에 그 친구에게 맛있는 걸 사주면서 친해져 보라고 했을 때 아들에게는 전혀 그럴 마음이 없었다. 아들로부터 학교에 가기 싫다는 말을 사흘째 들었던 날, 나는 극약 처방을 내렸다.

"준이야, 오늘 또 걔가 때리고 놀리면 가만히 있지 마. 의자를 집어 들어서 걔 책상을 찍어버려."

아들이 놀란 표정으로 물었다.

"진짜 그래도 돼? 그러다가 잘못해서 걔를 다치게 하면 어떡해?"

나는 주저하지 않고 그래도 된다고 말해 주었다. 그 애가 다쳐서 수술하게 되더라도 다 책임져줄 테니까 아빠가 말대로 하라고 했다. 물론 다치게 하면 안 되는 일이었다. 그런데도 나는 왜 아들에게 그렇게 말을 했을까.

돌이켜 보면, 그때 난 아버지로서 '역할 연기'를 해준 것이었다. 아들에게 '뭐든지 다 책임져 줄 수 있는 부모' 역을 해주었던 것이다. 내 연기를 보고 난 준이는 얼이 빠진 얼굴이 되었다. 그러던 아들은 곧 말없이 학교로 향했다.

아들은 그날부터 변하기 시작했다. 아침에 내가 말했던 방식이 아니라 며칠 전에 권해주었던 방식으로. 그러니까 친구들에게 맛있는 것을 사주면서 선심을 쓰는 작전 말이다. 아들에게 먹을 걸 얻어먹은 그 친구는 전처럼 심하게 장난을 치지 않았다. 또 준이도 조금씩 친구의 장난을 웃어넘기는 방식으로 대응하는 법을 터득해 갔다.

다행히 아들이 공부를 좀 했던 것도 꽤 도움이 되었다. 1학기 중간고사에서 전교 3등을 한 뒤부터 그 친구가 놀리는 일이 없어진 것이었다. 아들의 등교 위기 사건은 학교에서 성적이 얼마나 힘이 센가를 보여주는 하나의 선례를 더하면서 조금 씁쓸하게 마무리되었다.

만약 그때 아들이 시달림을 당하다가 학교에 가지 못하는 사태에 이르렀다면 어떻게 됐을까…… 상상만으로도 아찔하다. 준이가 며칠 더 학교에 가기 싫어했다면, 아마도 담임 선생님을 찾아가 도움을 요청해야 했을 것이다. 교사 아버지로 하여금 거기까지 가게 하지 않았다는 점에서 지금 도 아들에게 고마움을 느낀다.

그런데, 실제로 그런 상황이 닥쳐왔을 때 부모는 학교에 아이의 사건을 알리는 것을 주저해서는 안 된다. 특히 단순한 괴롭힘이 아니라 집단 괴롭힘이나 왕따를 당하고 있을 때는 부모가 적극적으로 나서서 보호자 역할을 해줘야 한다.

몇 해 전, 중학교 1학년 담임을 할 때였다. 여학생 다섯 명이 친하게 지내고 있었는데, 그중 한 명이 따돌림을 당하게 되었다. 희진은 성격이 밝고 유머러스한 아이였기에 네 명으로부터 따돌림을 당하리라고는 예상하지 못했었다. 네 명 모두 착하고 성실한 아이들이었기 더욱 그러했다. 그렇게 따돌림이 두 달 가까이 이어진 뒤에야 어머니로부터 상담을 요청하는 전화가 왔다.

다음 날 학교로 찾아온 희진 어머니가 눈물을 찍어내며 말했다.

"요 며칠 동안 희진이가 학교만 갔다 오면, 전학 보내 달라면서 펑펑 울어요, 선생님……."

잠시 뒤 가슴을 진정시킨 희진 어머니가 담담히 지난 일을 들려주었다.

"한 달 전부터 희진이가 학교에 가기 싫다고 하더라고요. 친하게 지내던 애들이 희진이만 오면 말을 하다 멈추고 모른 체한대요. 그러다 희진이가 말을 걸면 다른 데로 가버리고요."

희진은 초등학교 때도 똑같은 일을 겪은 적이 있었다고 했다. 어머니는 그동안 '학기가 얼마 안 남았으니까 조금만 더 버텨라'는 말로 딸을 달래다가 결국 담임을 찾아온 것이었다. 말을 다 듣고 난 나는 어머니가 좀 더 일찍 찾아왔으면 하는 아쉬움을 금할 수 없었다. 아이의 입에서 "애들이 나를 따돌려서 학교에 가기 싫다"는 말이 나왔을 때는 너무 늦은 경우가 많기 때문이었다.

행복한아이연구소 소장 서천석은 괴롭힘을 당하고 있는 아이에게 "네가 잘못한 걸 먼저 생각해봐"라거나 "네가 좀 더 잘해봐", "네가 변하면 아이들도 변할 거야" 같은 말은 전혀 도움이 안 된다고 말한다. 따돌림으로 극심한 고통을 당하고 있는 아이에게는 그 말들이 비난으로 들리기 때문이다. 부모의 그런 말들은 아이를 더 기죽이게 하고 더 짓눌리게 하는 말일 뿐이다.

내가 학교에서 경험한 바에 따르면, 아이의 입에서 "애들이 나를 기분 나쁘게 해서 속상하다"는 말이 나왔을 때부터 부모가 적극적으로 개입해야 한다. 먼저 차분히 아이의 이야기를 들으며 그동안 따돌림당하거나 괴롭힘당한 사실을 기록으로 남기는 것이 좋다. 또한 따돌림이 경미한 경우 아이에게 자신감을 세워주면서 단호하게 "하지 말라"고 말하도록 이끌어주는 게 좋다.

하지만 상대의 괴롭힘이 중단되지 않거나, 집단적으로 따돌림이 시작됐다면 즉시 담임 교사를 만나야 한다. 한 명으로부터 괴롭힘을 당할 때는 선생님에게 기록한 증거를 보이면서 사건 해결을 강하게 요구해야 한다. 집단적으로 괴롭힘을 당할 때는 강도에 따라서 두 가지 길이 있을 것이다. 가해 강도가 약할 경우 가해 학생과 학부모가 정식으로 사과하고 재발방지 약속을 받는 선에서 마무리를 짓는 것도 괜찮다. 그러나 괴롭힘 강도가 심하거나 재발되었을 때는 학칙에 따라 엄하게 처벌할 것을 요구해야 한다.

희진의 어머니는 친구들의 행동이 괴롭힘으로 진전되지 않았고 경미한 따돌림이었기에 담임이 적절히 중재하기를 원했다. 나는 다음 날부터 바로 해결 작업에 들어갔다. 먼저 아이들을 일일이 만나서 각자의 생각과 사연을 자세히 들었다. 그 과정에서 서로 오해와 실수가 있었던 점들을 확인할 수 있었다. 이어서 다섯 명을 한 자리에 모은 뒤, 그동안 쌓였던 감정을 충분히 털어놓도록 유도했다. 두 시간이 지난 뒤 다섯 명의 아이들은 어느 정도 감정이 풀려 화해했다. 나는 아이들을 식당으로 데리고 가서 맛있는 저녁을 먹이는 것으로 화해 작업의 종지부를 찍었다.

다음 날부터 희진은 아이들에게 들었던 단점을 고치기 위해 부단히 노력하는 모습을 보여주었다. 그런 노력을 통해서 '5인방'은 얼마 뒤 따돌림이 있기 전처럼 친한 사이로 돌아가 주었다.

희진의 따돌림 사건은 다행히 그렇게 해결되었다. 그러나 어머니가 한 달 일찍 나를 찾아왔다면 문제 해결도 더 쉬웠을 것이고 희진의 고통도 훨씬 덜했을 것이다. 아이들과 다시 친해져서 씩씩하게 생활하는 희진을 볼 때마다 마음이 놓이면서도 늘 그 점이 아쉬움으로 남았다. 만약에 희진이 충동적이거나 우울한 성격이었다면, 그 '한 달 동안' 극단적인 선택을 할 수도 있었기 때문이다.

희진처럼 "친구들 때문에 학교에 가기 싫다"며 펑펑 우는 아이는 사실 크게 위험한 경우는 아닐 수 있다. 진정으로 위험한 아이는 생존의 위협을 느끼면서도 "괜찮다"고 말하는 아이다. 부모는 위기 상황일 때 아이가 "괜찮다"고 하는 말을 액면 그대로 받아들여서는 안 된다.

정혜신은 "위기 상황에 있는 아이의 입에서 나오는 '괜찮다'는 말은 '괜찮고 싶다'는 간절한 희구이다"라고 말한다. 전혀 괜찮지 않은데 괜찮고 싶은 마음을 반어법적으로 표현하는 말이라는 것이다. 부모는 아이의 괜찮다는 말 속에서 고통 속에서도 안간힘으로 버텨보려는 의지를 읽어낼 수 있어야 한다. 그것은 아무 데도 기댈 데 없는 아이의 사무치게 외로운 의지일 수 있다. 엄마에게도 '괜찮지 않다'고 말하지 못하는 아이의 '괜찮다'는 말은 언제 끊어질지 모르는 실처럼 가느다란 비명일지도 모른다.

부모의 보호 속에 있다는 안전감   희진의 경우에서 알 수 있듯 괴롭힘당하는 사건은 중학교에서 갑자기 일어나지 않고 대부분 초등학생 때부터 시작된다. 그러므로 부모는 아이가 초등학생일 때부터 왕따나 괴롭힘 사건에 대해 현명하게 대처해야 한다.

아동심리 전문가들에 따르면, 초등학생들은 자신을 괴롭히는 아이들을 부모보다 더 힘이 세고 더 큰 존재로 인식하기 쉽다고 한다. 따라서 부모는 아이의 사건에 적극적이면서도 섬세하게 개입할 필요가 있다. 날마다 아이의 상황을 체크하여 괴롭힘당한 일들을 기록해두는 것도 방법이다. 아이와 충분한 대화를 나누려면 적지 않은 인내심이 요구될 수도 있다. 그렇더라도 차분히 아이를 설득해서 자신을 괴롭히는 친구가 힘이 약한 존재라는 사실을 일깨워줘야 한다.

무엇보다도 아이에게 "엄마와 아빠는 네 문제를 해결할 힘이 있다"는 메시지를 전달해주는 것이 중요하다. 그 말을 들은 아이는 반신반의할지도 모른다. 그래도 지속해서 부모가 아이의 상황을 조정할 수 있는 존재라는 인식을 심어줘야 한다. 그리고 부모가 직접 개입해야 할 시기라는 느낌이 들면 지체 없이 뛰어들어야 한다. 아이에게 조정자와 해결사 역할을 할 수 있는 존재임을 보여줘야 하는 것이다. 그런 모습을 보며 아이는 '부모님의 보호 속에서 안전할 수 있겠구나' 하는 느낌을 가지게 된다. 그런 안전감과 신뢰감에 힘입어 고통의 구덩이에서 빠져나올 힘을 얻는 것이다.

박노해 시인의 책《다른 길》에 소개된 푸노이족의 '아이 치유 의식'은 부모의 신뢰가 얼마나 큰 힘을 발휘하는지 잘 보여준다. 푸노이족은 라오스의 오지 마을에 거주하는 공동체이다. 책에는 열 살짜리 소년이 오랫동안 소화를 못 시키는 병을 앓자 마을의 원로들과 가족들이 함께 모여 '치유 의식'을 행하는 모습이 나온다.

의식이 시작되면 아이가 헌 옷을 입고 금줄을 통과한 뒤 옷을 벗는다. 그러고 난 아이는 꽃과 바나나 줄기를 담은 성수에 몸을 씻고 새 옷을 입는다. 이어서 금줄을 칼로 자르고 나와 헌 옷을 불태우는 것으로 의식은 끝난다. 이런 의식을 치르는 동안 아이는 자신을 향한 부모와 어른들의 간절한 기도와 사랑을 느끼며, 마음속 두려움을 씻어내고 몸이 낫게 되리라는 믿음을 얻는다. 그리고 그 믿음은 실제로 아이의 병을 치유한다고 한다. 적어도 푸노이족 공동체에서는 그렇다.

부모의 보호 속에서 자신이 안전하다고 느끼며 자란 아이는 어떤 위험이 닥쳐와도 '세상은 충분히 살 만한 곳'이라고 인식하리라 나는 믿는다.

아이는 변한다,
변하는 것이 맞다

미국의 심리학자 주디스 리치 해리스Judith Rich Harris는 엄청난 반전의 학자이다. 그는 교육에 대한 근본 가설을 뒤엎은 심리학자인데, 하버드 대학원 재학 시절 저명한 심리학 교수로부터 공식 서한을 받고 쫓겨난 적이 있었다. 그 교수가 해리스에게 보낸 서한의 내용은 "당신은 학문적 독창성이 부족하므로 우리 학과에서 바라는 전형적인 심리학자가 될 수 없다"는 것이었다.

그로부터 십여 년 뒤, 해리스는 "아이의 교육에서 가장 중요한 요소는 부모의 양육이 아니라 아이를 둘러싼 환경적 요소다"라는 이론으로 센세이션을 일으킨다.

이전까지 부모의 양육은 교육에 있어서 절대적인 위치를 차지하는 영역이었다. 그러나 해리스는 부모의 양육도 환경의 일부일 뿐이라고 주장했으니 가히 혁명적이라 할 만했다. 그는 다양한 사례를 통해 부모보다는 집 밖에서 만나는 학교 친구들이나 동네 또래 아이들이 훨씬 더 중요하고 강력한 영향을 미친다는 사실을 입증해냈다.

그 공로로 그는 심리학계의 권위적인 상인 '조지 밀러 상'을 수상한다. 그런데 그 조지 밀러가 바로 해리스의 대학원 시절, 공식 서한을 보내 그를 내쫓았던 교수였다. 해리스는 조지 밀러 상을 수상할 때 이런 소감을 피력했다고 한다. "전형적인 심리학자가 되는 데 실패했기 때문에 근본적인 가설을 뒤엎는 독창적인 주장을 내놓을 수 있었다고 생각합니다."

아이는 나 아닌 바깥의 다른 존재와 끊임없이 관계를 맺으며 성장하는 존재이다. 그 과정에서 받아들인 정보를 기억하고 처리하기 위해 신경망이 서로 연결되는 과정에서 뇌가 발달한다. 아이는 부모가 알 수 없는 무한한 것들과 관계를 맺으며 성장하고 변화하는 존재인 것이다.

그런데 부모들은 아이의 이런 바깥으로부터의 변화에 당혹스러움을 감추지 못하고 제대로 반응하지 못할 때가 많다. 밖에서 온 것들이 아이를 살리고 자라게 하는 것인데 말이다. 아동심리학자들은 아이가 바깥의 또래 문화 속에서 '인간의 방식'으로 관계를 맺으며 살 수 있도록 도와주는 것이 부모의 역할이라고 말한다.

아이가 초등학교 4, 5학년이나 6학년이 되면 필연적으로 변화가 찾아온다. 부모의 눈에 긍정적인 변화일 수도 있고 부정적인 변화일 수도 있다. 중요한 것은 그 모든 변화가 성장을 위해 필요한 과정이라는 사실이다.

더 이상 기특할 수 없었던 시절　아들이 초등학교 4학년이었던 어느 겨울 무렵의 일이다. 그해 내가 근무하던 교무실은 유난히 추운 곳이었다. 난방이 부실했을 뿐 아니라 햇볕 한 줌 들어오지 않았다. 겨울방학이 끝난 뒤 행정실장과 대판 싸우고 나서 작은 난방기를 들여놓기 전까지, 나는 오들오들 떨면서 일과를 버텨야만 했다.

그러던 어느 날, 퇴근하고 집으로 돌아오던 길에 남성복 할인매장에 들러 십만 원짜리 코트를 한 벌 샀다. 그런 쇼핑은 무척이나 나답지 않은 행동이었다. 그만큼 그해 겨울은 내게 추웠다.

집에 도착한 나는 두툼한 쇼핑백을 한 손에 든 채 땀을 흘리며 집안으로 들어섰다. 소파에 누워 텔레비전을 보고 있던 아내가 내가 사온 옷을 보고 푸념을 늘어놓았다.

"마누라는 여행 때문에 돈 아끼느라 고민하고 있는데! 오늘도 여행자 보험 때문에 8만 원이나 썼어."

아내의 반응에 당황한 내가 허둥거리며 말했다.

"자……, 한 번 입어볼게. 보고 말해."

서둘러 입은 롱코트가 무릎 위까지 내려가 있었다. 그걸 본 아내가 꼭 아줌마 같다며 면박을 주었다. 엄마에게 구박을 당하는 아버지가 안쓰러웠는지 아들이 "아빠한테 잘 어울린다"며 내 편을 들어주었으나, 딸은 엄마 편이었다.

"어울리긴 뭐가 어울려? 아줌마 같은데."

딸의 말이 끝나자 아내의 단호한 목소리가 이어졌다.

"당장 바꿔! 요즘 이런 촌스러운 옷을 누가 입는다고……."

토라진 아내가 다시 내게 쏘아붙였다.

"오늘 찜질방 당신하고 애들만 다녀와! 난 안 갈래."

아이들이 울상을 지으며 엄마의 얼굴을 보았다. 그날은 온 가족이 찜질방에 가서 목욕하고 저녁도 먹기로 한 날이었다.

잠시 뒤, 아내는 마음을 바꾸고 찜질방행 차에 올라탔다. 아내의 눈치를 살피며 내가 말했다.

"지금 가서 옷 바꿀까?"

"됐네요. 7시까지 찜질방 못 가면 1,500원씩 더 내야 해. 어휴, 지겨워. 그냥 버스 타고 오라고 했더니 왜 걸어오면서 그런 옷을 사와?"

그러자 나 역시 울컥하는 마음에 돈 벌어오는 가장이 이 정도 옷도 못 사느냐며 짜증을 냈다. 그러자 아내가 매몰차게 쏘아붙였다.

"나도 돈 벌거든!"

아내의 말을 마지막으로 차 안에 무거운 침묵이 흘렀다. 너무 조용해서 뒤돌아보니, 아이들이 걱정스러운 눈빛으로 엄마를 바라보고 있었다. 준이가 진이에게 귓속말하는 걸 얼핏 보며 나는 고개를 돌렸다.

십 분쯤 뒤, 찜질방에 도착한 우리 가족은 카운터에서 표를 산 뒤 무거운 표정으로 남탕과 여탕으로 흩어졌다. 남탕 쪽으로 발길을 돌리며 내가 투덜거리자 아들이 짐짓 어른스러운 태도로 말을 건넸다.

"아빠, 무늬만 가장이신가 봐요."

내가 씁쓸한 표정으로 대답했다.

"그러니까……."

아들이 생글거리며 그래도 참으라며 나를 응원해주었다. "세 번 참으면 살인도 면한대요?"라는 말과 함께. 아들로부터 따뜻한 위로를 들으니 마음이 절로 누그러지는 게 느껴졌다.

잠시 후, 내가 매점으로 들어가서 음료를 주문하는 사이, 아들은 중앙 홀로 가서 엄마를 찾았다. 주문한 미숫가루가 나올 즈음 준이가 "엄마!"하며 크게 소리쳤다. 아내와 딸이 수건으로 머리를 감싼 채 걸어오고 있었다.

"여보, 석류주스 먹어."

준이 덕분에 마음이 푸근해진 때문인지 내 목소리가 한결 부드러웠다.

"안 먹어……."

웬일인지 아내의 목소리도 조금 누그러져 있었다. 나는 그래도 먹으라면서 매점으로 걸어가 막무가내로 석류주스를 주문했다. 석류 주스를 들고 가족들이 자리 잡은 곳으로 돌아오자 아내는 어느새 마음이 다 풀렸는지 웃고 있었다. 우리 가족은 석류 주스와 미숫가루를 사이좋게 나눠 마셨다.

배를 채우고 난 준이와 진이가 게임을 하러 가겠다며 일어섰다. 두 녀석의 뒷모습을 흐뭇하게 바라보며 아내가 말했다.

"우리가 애들은 참 잘 키웠나 봐. 아까 둘이서 작전 짰었대."

"작전?"

아내가 담담하게 들려준 이야기는 이러했다. 여자 탈의실로 들어선 진이가 계속 엄마 편을 들며 화가 난 엄마의 감정을 달래주었다. 딸로부터 '아빠 옷 정말 이상하다, 아줌마 같은 옷만 산다', '그래도 날 봐서 엄마가 참으라'는 말을 듣고 나니 아내의 화가 스르르 풀렸다고 한다. 엄마의 화가 풀린 걸 알아차린 진이가 웃으며 말했다.

"엄마, 아까 오빠랑 나랑 작전 짰다!"

내막인즉슨, 아들은 아빠 마음을 풀어주고 딸은 엄마 마음을 풀어주기로 둘이 비밀 작전을 짰다는 것이다. 그런데 진이가 참지 못하고 이실직고를 한 것이었다. 아내가 눈물 고인 눈으로 아이들을 바라보며 말했다.

"에그, 기특한 새끼들……."

정말 내 자식 맞아?
달라도 너무 달라지다!

그렇게 아름다웠던 아들이었다. 때로는 천사 같고, 때로는 스승 같던 아들이었다. 준이는 3, 4학년 무렵까지 감정을 표현하고 수용하는 능력이 매우 뛰어났었다. 그랬던 아들이 '남자'가 돼가면서 조금씩 변하기 시작했다.

특히 초등 5학년을 기점으로 준이의 감성 능력은 현저히 떨어지기 시작했다. Y염색체가 아들의 몸속에서 활동하던 시기, 그러니까 사춘기가 시작되던 무렵이었다. 앞서 이야기했던 것처럼 준이는 5학년 때 같은 반 여자아이를 때리는 사고를 저질렀다. 그러다가 6학년이 되어서는 병원에 입원해 있던 제 엄마에게 큰 상처를 주기까지 했다.

그해 여름 방학에 아내는 가슴에 생긴 종양을 제거하는 수술을 받았다. 그리 심각하지 않은 수술이었다. 수술 당일, 전날 밤부터 금식하고 있던 아내는 오후가 되어서야 수술을 받게 되었다. 수술실로 가기 위해 엘리베이터에 올라탔는데 제주도 할머니 댁에서 사촌들과 지내고 있던 준이로부터 전화가 왔다.

"아빠, 오늘 게임해도 되요? 저 어제 게임 시간 20분 아껴뒀었거든요."

아들의 입에서 그런 말이 나왔다는 게 믿어지지 않았다. 녀석은 분명히 엄마가 수술하는 날이라는 걸 알고 있었다. 아무리 멀리 떨어진 제주도에 있다 해도 이건 좀 아니라는 생각이 들었다. 게다가 녀석은 엄마의 수술에 대해서는 한마디 언급조차 없었다. 착잡한 심정이었지만, 상황이 다급했던 터라 일단 그렇게 하라고 하고 전화를 끊었다. 아내가 궁금한 얼굴로 물었다.

"준이가 뭐래?"

"하여튼 아들놈은 키워봤자 소용없다니까! 엄마가 수술하는 날에 게임 더 해도 되느냐고 묻는 놈 키우면 뭘 해? 에이, 호래자식 같으니."

내 말을 듣고 난 아내가 씁쓸하게 웃었다. 그렇게 웃어넘기긴 했지만 그냥 넘어갈 일이 아니라는 생각이 들었다. 다행히 아내는 무사히 수술을 끝냈고, 수술 결과도 좋았다.

딸과 아들은 달라도 너무 달랐다. 진이는 엄마 수술시간에 맞춰 예배를 드리면서 내내 수술이 무사히 끝나게 해달라고 기도했다고 했다. 그런데, 아들 녀석은 엄마 수술이 어떻게 되고 있는지 궁금해하지조차 않았다. 아들에게 부아가 치밀던 참에 딸로부터 울음 섞인 전화가 왔다.

"아빠, 오빠가 때려서 너무 아파. 흐흑……."

"그랬어? 이놈의 자식이 정말……."

내 목소리를 들은 진이는 펑펑 울음을 터트렸다. 평소 같았으면 서로 잘못한 것임을 알기에 둘을 함께 혼냈을 터였지만, 그때는 오빠를 바꾸라고 하고 호되게 아들을 혼냈다.

"너 동생을 때린 것도 때린 거지만, 그보다 먼저 혼나야 할 게 있어. 어떻게 아들이 엄마가 수술하시는 날 '수술 잘 되었는지' 물어보지도 않아? 수술하러 들어가시는 엄마에게 기껏 한다는 말이 게임 더 하게 해달라고 하는 아들이 어디 있어?"

나는 준이에게 아빠와 엄마가 크게 실망했다는 사실을 알리고 다음 날 당장 서울로 올라오라고 엄포를 놓았다. 아들이 엉엉 울면서 잘못을 빌었다. 나는 "엄마에게 잘못한 일과 동생에게 잘못한 일을 써서 메일로 보내라"고 한 뒤 전화를 끊었다. 아들과 딸의 공감능력은 그렇게 차이가 컸다.

4학년이었을 때의 준이, 그러니까 Y염색체가 아직 남성성을 주입하기 전의 준이는 종종 예상치 못했던 행동으로 우리 부부를 놀라게 했다. 그때의 준이는 애어른처럼 조숙한 모습과 행동을 보여주었다. 그러나 준이는 애어른에 머물러서는 안 되었다. 한 생애를 짊어질 남자로 성장해야 했기 때문이다. 아들은 머지않아 중학생이 되면서 '애어른'의 가면을 벗기 위해 험난한 길을 가야 했다.

아들이 아름다웠던 시절, 목욕탕에서 부모님을 화해시킬 계략을 짰던 시절의 준이는 왜 애어른의 가면을 썼던 것일까? 그때 준이가 썼던 가면 속에는 부모의 관계에 대한 두려움이 깃들어 있었던 것 같다. 아들이 천사 같은 모습을 보여주었던 때는 아이러니하게도 우리 부부의 싸움이 가장 잦았던 시기이기도 했다. 부모라는 울타리가 무너질지도 모른다는 불안감 속에서 어린 아들은 '애어른'의 가면을 쓰고 감동을 안겨줌으로써 그 울타리를 튼튼하게 묶으려 했을 터였다.

준이의 그런 행동은 '부모를 사랑할 수밖에 없는 존재'로서의 아이에게 주어진 유일한 선택지였을지 모른다. 철학자 강신주는 "아직 어려서 부모를 사랑할 수밖에 없는 아이의 사랑은 참된 사랑이 아니다"라고 말한다.

"아이가 부모를 사랑할 수도 있고 사랑하지 않을 수도 있을 때 비로소 부모에 대한 진짜 사랑이 시작된다"는 그의 말에 나는 전적으로 동의한다.

물론 우리 부부의 마음에는 아이가 '4학년 때의 준이'로 머물러줬으면 하는 바람이 없지 않았다. 그러나 그것은 마치 '목사리 당한 코끼리'처럼 아이를 가둬두려는 욕망에 다름 아닐 것이다.

서커스단의 코끼리는 말뚝에 매어 놓은 가는 줄에 묶인 채 얌전하게 서 있다고 한다. 서커스단에서 아주 어릴 때부터 훈련을 시키기 때문이다. 튼튼한 말뚝을 박아 놓고 줄을 묶은 다음 코끼리를 목사리 해서 키우는 것이다. 어린 코끼리는 목사리 당한 상태가 너무 괴로워서 있는 힘을 다해 몸부림쳐보지만 곧 포기하고 만다. 그렇게 몇 년이 흐르면 코끼리는 다 자라서도 말뚝을 뽑겠다는 생각을 하지 못한다.

'4학년 때의 준이'로 남아주기를 바라는 나의 마음은 아들을 어른이 아니라 애어른에 가둬두려는 욕심에 지나지 않았다. 나뿐 아니라 많은 부모가 아이에 대해 그러한 욕심을 갖는다. 그러나 욕심이 지나치면 아이가 부모를 진짜로 사랑할 힘을 기르지 못하도록 만들 뿐이다.

아이가 부모를 사랑할 수도, 사랑하지 않을 수도 있는 힘이 생기는 사춘기는 '부모에 대한 진짜 사랑'이 시작되는 시기이다. 6학년이 된 아들이 수술하는 엄마에게 게임 시간을 더 달라고 했던 날, 나는 이런 글을 썼었다.

두 아이를 키우면서 거듭 깨닫게 되는 것은 '아이는 부모의 성장을 위해 존재하는 씨앗'이라는 사실이다. 두어 해가 지나고 나면 준이에게 지독한 사춘기가 올 것이다. 그때 녀석은 자신과 얼마나 힘든 싸움을 하게 될까? 나와 아내는 또 얼마나 아파야 할까? 내 속에서 씨앗이 자라는 동안 아들의 남성성도 더 크고 단단해질 것이다. 크고 단단해진 남성성을 내 가슴으로 품을 때 아이와 나는 함께 자랄 것이다.

2장에 밝혔던 것처럼, 두 해 뒤 아들에게 그런 시기가 왔을 때 나는 자신이 썼던 글을 까맣게 잊은 채 무수한 시행착오를 겪어야 했다. 그러면서 아들에게 적지 않은 상처를 안겨주기도 했다. '아이는 변한다'는 자명한 진실을 온전히 받아들이지 못했기 때문이었다. 그렇다. 아이는 자기 자신만의 우주를 책임질 수 있는 존재로 성장하기 위해서 변해야 한다. 그리고 변하는 게 맞다.

세계에서 가장 화산이 많은 나라인 인도네시아에는 화산 폭발로 형성된 칼데라 분지가 있다. 어마어마한 화산 폭발은 산맥을 솟구치게 하고 검은 하늘이 열리게 한다. 시간이 흐름에 따라, 폭발로 생긴 분지에 물이 고이면서 한때 지옥과도 같았던 땅은 비옥한 대지로 변화한다. 그런 과정을 거처 고원의 분지 칼데라는 아무리 달려도 끝나지 않을 것 같은 거대하고 비옥한 신생의 땅이 되었다. 불덩어리 화산의 위대한 선물인 셈이다.

과학자들은 지구 속 맨틀에 의한 폭발과 파괴가 없었다면 생명의 진화가 인류로 이어질 수 없었다고 말한다. 어마어마하게 뜨거운 맨틀은 지각을 움직여 맞부딪치게 함으로써 지진과 해일을 일으키고 산맥을 솟구치게 한다. 만약 이런 맨틀과 용암의 작용이 없이 수만 년이 지나면, 지구는 산맥들이 모두 부서져 내려 사막이 되고 평평해진 지구는 지각 전체가 바닷물에 뒤덮이게 된다고 한다. 맨틀과 용암이 없었다면 지구 생명체의 진화는 아마도 어류에서 멈췄을 것이다.

지구의 생애에 용암의 분출과 지각의 충돌이 필요하듯이, 인간의 인생에도 사춘기라는 화산 폭발이 필요한 건지도 모른다. 아이의 가슴 속에서 뜨겁게 용솟음치는 용암은 부모의 인생을 뒤흔들고 부모 자신의 삶을 되돌아보게 해주지 않던가. 그러니 이렇게 생각하자. 아이의 인생이 칼데라 분지처럼 비옥한 대지로 거듭나기 위해서는 사춘기의 화산 폭발이 필요한 거라고. 지진이 일어나고 해일이 덮치고 산맥이 솟구치고 검은 하늘이 열린 뒤에는 생명의 물이 고이는 시간이 찾아올 거라고. 더 뜨겁고 커다란 화산 폭발일수록 더 위대하고 비옥한 대지를 선물해줄 것이다. 우리에게 그 모든 화산 활동을 받아들일 수 있는 가슴과 지혜가 있다면 말이다.

내 아이의
인생의 장면을 간직하자

아이를 키우다 보면, 내 아이가 낯설어지는 시기가 반드시 온다. 지금 아이의 모습을 보면서 '우리 아이는 절대 안 그럴 거야'라고 생각하는 부모가 있다면, '아마도 착각일 것'이라고 말해주고 싶다. 다만 그 시기가 이르게 오느냐, 늦게 오느냐의 차이가 있을 뿐이다.

아이가 너무 변해서 내 아이 같지가 않을 때, 나는 아이의 '인생의 장면'을 떠올리곤 한다. '인생의 장면'은 내 아이가 가장 아름다웠던 순간이다. 아이가 가장 아름다웠던 장면을 떠올리는 것은 분명 효과가 있다. 인간의 뇌는 지난 시절을 복기하는 것만으로 그때와 똑같은 감정을 느끼는 기능이 있기 때문이다. 하여 나는 다른 부모들에게도 '내 아이의 인생의 장면'을 갖기를 권하고 싶다. 아이가 낯설어지거나 미워질 때마다 '인생의 장면'을 떠올려 보라. 그러면 팥쥐 같았던 아이가 콩쥐처럼 보이는 마법이 일어날 것이다.

아래 이야기는 내 마음의 방 한 켠을 차지하고 있는 '아들의 인생의 장면'이다. 그러니까 부모님 화해작전을 주도했던 '4학년 때의 준이'와 경쟁하여 승리한 장면인 것이다.(그런데 왜 딸의 인생의 장면은 없을까? 그것은 딸에 대해서는 인생의 장면이 필요 없기 때문인지도 모른다. 딸과는 상처를 주고받은 기억이 거의 없고, 이미 서로 충분히 공감하는 관계이므로. 또는 딸에게는 인생의 장면이 너무 많아서 고르기 힘든 것일 게다.)

지금도 내 안에 있는 아름다운 아이

준이는 며칠 전부터 빨리 그 날이 오기만을 기다렸다. 내가 준이와 함께 여의도공원에 가서 실컷 놀아주기로 한 날이었다.

드디어 약속한 날이 되었다. 오후 2시쯤, 초등학교 병설 유치원으로 일곱 살 아들을 데리러 갔다. 나는 복도에서 준이가 친구들과 사이좋게 블록 쌓기 놀이하는 모습을 잠시 바라보았다. 블록을 쌓는 일에 열중하고 있는 아들의 모습이 너무 귀엽고 대견해서 저절로 미소가 지어졌다.

잠시 뒤, 유치원 선생님의 안내를 받아 놀이방으로 들어가서 준이를 불렀다. 블록을 만지던 아들이 그 소리를 듣고 내 쪽으로 얼굴을 돌렸다.

"아빠……!"

준이는 약속을 지키기 위해 찾아온 아빠의 얼굴을 보며 좋아서 말을 잊지 못했다. 선생님이 웃으며 준이에게 말했다.

"준이는 좋겠다. 아빠가 놀아주시려고 이렇게 오셔서 말이야. 준이야, 어서 아빠 따라가 봐."

선생님과 친구들에게 인사하고 난 준이는 기대에 가득 찬 얼굴로 나를 따라나섰다. 유치원 주차장에서 차에 시동을 건 뒤, 내가 아들에게 "진이도 데려갈까?" 하고 물었다. 딸도 여의도공원에 가는 걸 무척 좋아했기 때문이다.

"으응, 진이? 음……, 아빠 마음대로 해."

말은 그렇게 했지만 준이의 얼굴엔 내키지 않는 표정이 역력했다. 고민하던 나는 딸이 다니던 어린이집으로 들어가는 골목길 앞에서 차를 세웠다.

"준이야, 솔직하게 말해봐. 진이랑 같이 가도 괜찮아?"

"……."

준이는 난처한 표정을 지으며 대답하지 못했다. "그럼 진이와는 일요일에 가자"는 내 말을 듣고 나서야 준이의 표정이 밝아졌다.

"좋아. 그럼, 오늘은 둘이서만 가자. 자, 여의도공원으로 출발!"

평일이라 공원엔 사람이 별로 보이지 않았다. 준이와 나는 인라인스케이트를 타고 넓은 광장을 마음껏 달렸다. 아들은 아빠와 둘이서만 공원에서 노는 게 좋아서 신이 날 얼굴이었다.

"아빠! 오늘 몇 시에 집에 갈 거야?"

"응, 지금이 2시 반이니까 4시 반까지 놀다가 가자. 엄마가 오늘 늦게 오셔서 5시까지 어린이집으로 진이를 데리러 가야 해."

내 말을 듣고 난 준이가 울상을 지으며 5시까지 놀다가 진이를 데리러 가자며 졸랐다.

"글쎄, 진이가 기다릴 텐데……. 그리고 날씨가 쌀쌀해서 저녁이 되면 추워서 스케이트 타기도 힘들 거야."

아들의 얼굴이 점점 어두워졌다. 나는 "그건 이따 생각해보자"고 말한 뒤 빠르게 앞으로 달려갔다. 준이도 나를 따라잡기 위해 스케이트로 바닥을 힘껏 밀었다. 준이와 나는 앞서거니 뒤서거니 하면서 시간 가는 줄 모르고 광장을 달렸다.

신나게 스케이트를 탄 후에는 매점에 가서 준이가 먹고 싶어 하는 것과 갖고 싶어 하는 걸 다 사 주었다. 그날만큼은 아들이 살찌는 것도 무시한 채 찐빵과 어묵을 먹이고, 공이 착 달라붙는 장갑과 공도 안겨 주었다. 아이는 연신 싱글벙글한 표정이었다. 새로 산 장갑으로 한참 동안 공을 주고받았을 때 준이가 물었다.

"아빠, 하늘까지 던질 수 있어? 한 번 높이 던져 봐."

아들의 말을 듣고 난 내가 하늘을 향해 공을 세게 던졌다. 하늘 높이 날아 올라간 공이 순간 사라진 듯했다. 준이가 하늘을 쳐다보며 공을 찾고 있는 사이에 '탁' 하며 공이 내 손에 있던 장갑에 달라붙었다.

"와, 신기하다. 아빠, 한 번 더 해봐."

나는 다시 공을 하늘 높이 던졌다. 준이가 허공을 이리저리 바라보며 공을 찾는데 '탁' 하며 공이 장갑에 달라붙었다. 아들은 신기해하며 계속 던져보라고 나를 재촉했다.

"아빠! 지금 몇 시야?"

재미있게 놀던 준이가 문득 생각났다는 듯 물었다.

"지금? 4시 5분. 그런데 준이야, 아까부터 시간은 왜 묻는 거니?"

"그럼, 30분도 안 남았잖아. 아빠랑 노는 게 너무 재미있어서 그래. 시간이 얼마나 남았나 보려고."

준이가 웃으며 말했다. 그때, 나는 바닥에 떨어진 공을 주우며 준이를 보고 있었다. 마침 서편으로 떨어지고 있는 해가 준이 뒤에서 붉게 빛났다. 붉은 햇빛을 배경으로 웃으며 서 있는 아들의 얼굴은 멋지고 사랑스러웠다. 그 모습을 보면서 나는 이 말의 참뜻을 이해할 수 있을 것 같다는 생각이 들었다.

'자식은 하느님이 부모에게 주신 선물이다.'

내 아이들, 하느님이 맡겨 주신 이 귀한 영혼을 세상에 보탬이 되는 사람으로 잘 키우는 일은 얼마나 소중하고 아름다운 의무인가! 나는 그런 생각을 하면서 준이에게 한없이 사랑스러운 눈길을 보냈다.

그 날 준이가 조금만 더 놀자고 몇 번을 졸라서 우리는 결국 5시가 넘어서야 여의도공원을 떠날 수 있었다.

나는 아이들과 함께 있을 때 아무래도 딸을 더 챙기는 아빠였다. 그러다가 단둘이 있게 되자 아빠의 관심과 사랑이 고스란히 자신에게 쏟아지는 게 준이는 너무도 기쁘고 즐거웠던 모양이었다. 그런 준이의 모습을 보면서 가끔은 이렇게 둘만의 시간을 가져야겠다는 생각이 들었다.

그날 밤 나는 준이와 진이가 자는 모습을 보면서 마음속 말을 건넸다.

'준이야, 진이야! 아빠는 너희가 부모로 엄마와 아빠를 선택해 준 걸 생각하면 얼마나 고마운지 모른단다. 너희는 우리에게 찾아와서 아들과 딸이 되어 이루 말할 수 없이 아름다운 순간들을 선사해주었어. 너희가 없었다면 어떻게 그런 소중한 경험을 할 수 있었겠니? 준아, 진아. 정말 정말 고맙다.'

상처를 입었을 때 사람의 마음은 행복했던 기억을 떠올리기보다 힘들었던 기억을 떠올린다고 한다. 아이 때문에 힘든 시기를 보내는 부모의 마음 역시 마찬가지이다. '아이의 인생의 장면'을 떠올리며 자기 회복기능을 발휘하기보다는 아이를 낳았을 때의 고통스러웠던 기억을 떠올리기가 훨씬 쉽다. 이런 마음의 작용을 프로이트는 '주둔군 이론'으로 설명한다.

군인들은 전투에서 계속 고지를 점령해나가다 한 곳에서 실패했을 때, 가장 어려운 전투를 겪었던 고지로 후퇴한다고 한다. 그 고지에 가장 많은 아군을 주둔군으로 남겨놓았을 것이기 때문이다. 심리적 전투를 겪을 때도 우리는 가장 험난했던 경험, 곧 아군이 가장 많을 것 같은 기억 속으로 돌아가게 된다.

아이도 살아가면서 힘든 일을 겪을 때 행복했던 때를 떠올리기보다 가장 힘들었던 때를 떠올리게 될 것이다. 자신의 심리적 주둔군이 가장 많이 남아 있는 기억의 장소로 돌아가려 할 것이다. 아이의 사춘기는 제일 힘들었던 전투를 벌였던 고지가 될 확률이 가장 높은 시기이다. 그러니 이때야말로 부모가 아이의 마음에 든든한 우군이 돼줘야 한다.

역설적으로 부모는 아이와 힘든 때일수록 '내 아이의 인생의 장면'을 떠올려야 한다. 아이가 아름다웠던 기억을 떠올려야 하는 이유는 그때의 부모 이미지 역시 아름다웠을 것이기 때문이다. '그래, 난 괜찮은 부모였어'라는 인식은 '그래, 난 지금도 괜찮은 부모야'라는 자기 긍정으로 이어진다.

심리학자들은 사람에겐 이런 자기 긍정 이미지가 매우 중요하다고 말한다. 자신을 '있는 그대로' 아름답다고 마음 깊이 긍정할 수 있는 부모가 아이도 있는 그대로 아름답다고 긍정할 수 있기 때문이다. 자신의 인생을 지금 이대로 괜찮다고 인식하는 부모여야 아이의 인생 또한 그렇게 인식

할 수 있을 것이다. 미국 배우들에 대한 연구에 따르면, 아카데미상을 받은 배우들의 평균 수명이 받지 못한 배우들보다 4년쯤 길다고 한다. 자기 행위에 대한 심리적 보상이 삶에 건강성을 부여하기 때문이다. 나는 부모가 '내 아이의 인생의 장면'을 떠올림으로써, 자신에게 아카데미상을 수여하는 효과를 볼 수 있으리라 믿는다.

우리의 인생은 탁월한 편집술을 필요로 한다

뇌 과학자들은 "인간의 뇌는 이야기를 차려낸다" 라고 말한다. 인간의 뇌는 끊임없이 이야기를 만들어낸다는 뜻이다. 이는 '인간에게는 이야기가 필요하다'는 의미이기도 하다. 이 말을 제대로 이해하려면 인간이 '이야기를 만들어낼 수 없는 상황'에 처했을 때 어떤 존재가 되는지를 살펴볼 필요가 있다.

존 릴리라는 연구자는 격리 물탱크를 고안해 외부 정보로부터 완벽히 차단된 공간을 만들었다. 그는 호흡 마스크를 쓰고 직접 물탱크로 들어가 무중력 상태를 경험했다고 한다. 그 속에서 존 릴리의 뇌는 어떤 활동을 했을까?

처음 한 시간 동안 그는 자신이 물탱크 속에 있다는 사실을 인지하면서 과거의 경험들을 곰곰이 생각했다. 하지만 1시간이 지난 후부터는 물속이라는 감각조차 없어졌기 때문에 외부자극에 대한 갈망이 커져갔다. 그래서 물을 느끼기 위해 천천히 헤엄쳐 보기도 했지만, 점점 그런 노력조차 의미가 없어졌다. 그렇게 2시간여쯤 지나자 릴리의 뇌는 환상을 만들어내기 시작했다. 사적이고 강렬한 환상들이 이어졌고, 눈앞의 검은 장막이 걷혔으며, 푸르게 빛나는 터널 등이 나타나기도 했다. 환영 속에서 헤매던 그는 호흡 마스크에 물이 새기 시작한 덕분에 실험을 겨우 중단할 수 있었다고 한다.

인간의 뇌는 왜 환상을 포함한 이야기를 쉴 새 없이 '차려내는' 것일까? 그것은 세상의 무수한 정보들을 '맥락화'하고 '이야기화'하지 않으면 '인간적인' 삶이 불가능하기 때문이다. '맥락화'하지 못하면 뇌에 손상을 입었거나 지적 장애를 가진 이들의 뇌와 유사한 증상을 보인다고 한다. 이를테면 '충동을 조절하지 못하는 뇌'의 증상 같은 것이다. 충동조절장애가 있는 이들은 보고 듣는 모든 것에 대해서 반응하지 않고는 못 배긴다. 그리하여 먹을 것을 보면 먹고 싶은 충동을 제어하지 못하여 아무리 배가 불러도 계속 먹게 된다. 그들은 누군가 옆에서 조절해주지 않으면 배탈이 날 때까지 눈앞에 있는 음식들을 다 먹어치운다고 한다.

인간의 뇌는 감각 기관을 통해서 들어오는 세계의 무질서한 신호들을 해석하고 조직화하도록 진화해 왔다. 무차별적으로 들어오는 정보들을 맥락화하지 않으면 '인간적'으로 존재할 수 없기 때문이다. 이것은 세상에 왜 그토록 많은 동화와 소설, 영화와 드라마들이 만들어지고 있으며, 우리가 그것들에게 열광하는지를 잘 설명해준다. 하지만 우리가 모든 이야기에 열광하는 것은 아니다. 우리는 잘 만들어진 '작품'들에만 매혹된다. 잘 만들어진 드라마는 잘 '편집된' 이야기이기도 하다.

우리의 인생도 훌륭한 '편집'을 필요로 한다. 우리는 삶을 이야기로 맥락화하지 않으면 살아갈 수 없는 존재이기 때문이다. 우리는 삶이라는 지루하고 소소한 일상들을 훌륭한 이야기로 '편집'해 나가야 한다. 편집되지 않은 인생은 다큐멘터리가 되지 못한 영상들의 지루한 나열에 불과할 것이다. 그래서 세상은 무대이고 인생은 연기이며 우리는 배우인 것이다. 우리가 맡은 '배역'이 근사하고 멋진 역이 되도록 일상을 집중력 있게 편집해 나가야 한다.

또한 우리는 부모로서 아이의 인생 드라마가 완성도 높은 작품이 되도록 도움을 주어야 한다. 그러기 위해서는 특히 엄마의 삶이 '콩쥐 엄마' 배역을 중심으로 해석되고 수렴되어야 한다. 그럴 때 아이의 인생 드라마도 팥쥐 이야기가 아니라 콩쥐 이야기로 중심을 잡아갈 것이기 때문이다.

PART 4

아이는 엄마가 품은
마음의 크기 만큼 자란다

상대를 변화시키는
액션과 리액션의 법칙

연극적 끼가 없는 나는 잘 믿기지 않는 말이지만, 어느 연극 연출가는 이런 말을 했다.

"연극 보는 걸 지루해하는 사람은 있지만, 연극하는 걸 싫어하는 사람은 한 명도 보지 못했다."

학생이나 군인, 정신병원의 환자들 등 무수한 사람들에게 연극을 가르쳤던 그 연출가에 따르면 "누구든 막상 연기에 들어가면 바로 몰입하면서 신이 나서 연기했다"고 한다.

그는 아예 "인간은 '연기적 자아'를 갖고 있는 것이 아니라 '연기적 본능'을 갖고 있다"고 주장한다. 누가 가르쳐주지도 않았는데 아이들이 소꿉놀이하며 '엄마' '아빠' 역을 능숙하게 연기하는 것을 보면, '다른 사람이 되고자 하는 욕망'과 '다른 삶을 살아보고자 하는 욕망'은 인간의 본능이 맞는 것 같다.

누가 내게 살고 싶은 인생 장르를 선택해보라고 한다면, 나는 '즉흥 코미디' 같은 생을 살고 싶다고 대답할 것이다. 카메라 앞에서라면, 나는 결코 즉흥 코미디 연기를 할 수 없을 테다. 하지만 실제 삶에서는 다르다. 나는 이미 즉흥 코미디의 중요한 기법을 삶에 응용하여 첨예한 갈등 상황에서 요긴하게 써먹고 있다. 먼저 즉흥 코미디의 핵심 기법부터 알아보자.

미국의 〈마더〉라는 극단은 관객 앞에서 즉흥 코미디를 공연하는 멤버들이다. 이들은 아예 주제까지 관객에게 맡겨서 관객들이 즉흥적으로 던져주는 주제로 코미디극을 보여준다. 예를 들면 이런 식이다. 먼저 관객 중 누군가가 "로봇"이라고 외친다. 잠시 뒤, 멤버 중 한 명이 무대로 나가서 전화를 걸어 로봇을 주문하는 연기를 시작하고, 그 연기를 받아서 다른 멤버가 다른 대사를 던진다. 그렇게 시작된 코미디는 2시간 동안 관객들의 배꼽을 잡으며 이어진다고 한다.

즉흥 코미디 기법을 가르치는 키스 존스톤Keith Johnstone은 "즉흥극은 일련의 규칙이 있는 예술형식이다"라고 말한다. 핵심 규칙은 '동의'와 '수용'이다. 즉흥 코미디는 배우가 어떤 대사를 하더라도 상대 배우가 그것에 동의하는 것을 전제로 공연된다. '동의'의 규칙이 무너지면 공연이 중단되기 때문이다. 아래의 즉흥 대화를 보자.(즉흥극 연기학교에서 학생들이 연습한 내용이다.)

즉흥 대화 예 ❶

A 내 다리에 문제가 있는 것 같습니다.

B 아무래도 절단해야 할 것 같은데요.

A 그럴 수는 없습니다, 선생님.

B 왜죠?

A 오히려 내가 다리에 붙어 있는걸요.

B (낙담한 표정으로) 자, 자, 진정하세요.

A 내 팔도 같은 병이거든요, 선생님.

여기까지 대화한 두 학생은 더 이상 상황을 이어갈 수 없었다. B가 다리를 절단해야 할 것 같다고 말했을 때, A가 그럴 수 없다고 말하여 동의의 규칙을 어겼기 때문이다.

아래는 동의의 기법을 지키며 다시 연습한 내용이다.

즉흥 대화 예 ❷

A 아아!

B 무슨 일이죠?

A 제 다리요, 선생님.

B 심각해 보이는군요. 절단해야겠습니다.

A 지난번에 선생님이 절단한 다리인 걸요.

B 그럼 그 나무다리가 아프다는 말인가요?

A 예, 선생님.

B 그게 무슨 의미인지 아시죠?

A 나무좀벌레는 아니죠, 선생님?

B 아니, 맞습니다. 온몸에 퍼지기 전에 제거해야겠어요.

　　(A의 의자가 폭삭 주저앉는다.)

B 저런 가구에까지 번지고 있군요.

놀랍지 않은가. 두 배우가 서로의 말을 '수용'하자 장면이 재미있게 계속 이어질 수 있었다. 즉흥극 배우들은 무대에 섰을 때 상대 배우가 반드시 동의의 규칙을 지켜줄 거라는 믿음을 갖고 연기한다고 한다. 그런데 인생에서도 '동의'와 '수용'의 기법은 대단히 중요하다.

즉흥 코미디가 웃음을 주는 것은 보통 사람이라면 받아들일 수 없는 것까지 수용하기 때문이다. 삶이라는 연극에서는 상대방의 모든 말에 동의해주는 것이 사실상 불가능하다. 그러나 상대의 '감정'에는 얼마든지 동의할 수 있다. '상대방의 감정을 수용하는 것'은 돈이 들지 않는다는 점에서 대단히 매력적인 일인데, 더 매력적인 것은 그것이 비폭력대화법의 핵심기법이라는 것이다.

나는 책《비폭력대화》로 두 번째 독서토론을 했던 날, '비폭력대화법을 시험당하는' 일련의 사건들을 겪었다. 그때 나는 감정이 격앙되어 있을수록 상대방의 대사에 '동의'를 표하는 것이 얼마나 효과적인지 배울 수 있었다. 비폭력대화는 핵심 기법에서 즉흥 코미디 배우가 상대 배우의 대사를 수용하는 것과 똑같았다.

인생을 즉흥 코미디극처럼 살기! 이 얼마나 꿈같은 일인가? 얼마나 부러운 삶인가. 동의의 기법을 잘 살리면 즉흥 코미디처럼 즐거운 인생을 살 수 있다. 우리는 연기본능을 타고난 존재들이므로.

비폭력대화를 시험받다

그날은 책《비폭력대화》로 첫 번째 생협독서모임을 시작한 날이었다. 나로서는《비폭력대화》와의 두 번째 만남이었다.(한 해 전 다른 독서 모임에서 같은 책으로 토론을 했었다.)

첫 모임이라 서로에게 궁금한 것이 많았기에 정작 '비폭력대화'에 대해서는 거의 대화를 나누지 못한 채 시간이 흘러가버리고 말았다. 그래도 다음과 같은 비폭력대화의 핵심은 공유하며 모임을 마쳤다.

상대방의 느낌과 욕구를 잘 알아차리고 있는 그대로 공감(동의)하는 것.

공교롭게도 나는 그날 오후부터 나의 비폭력대화 능력을 시험받는 사건과 맞닥뜨렸다. 토요일이었던 그날은 장인의 다세대 전셋집에 에어컨을 설치하기로 한 날이었다. 일주일 전에 설치하려다 벽에 구멍을 하나 더 내야 한다고 해서 중단시켰던 일이었다.(당시 창문 옆에 뚫려 있던 구멍이 작아서 그 옆에 다른 구멍을 또 뚫어야 하는 상황이었다.) 남의 벽에 구멍을 하나 더 내느니, 조금 작은 에어컨을 설치하여 원래의 구멍을 사용하는 것이 옳다고 판단했었다.

그날 오후의 계획은 이러했다. 일주일 째 목감기를 달고 있었던 아내는 쉬라고 하고, 에어컨 설치 일은 장인이 전셋집에서 기다리고 있다가 해결하기로 했다. 나는 근처 카페에서 일을 보고 있을 예정이었다. 점심을 먹고 난 뒤 카페에 막 자리를 잡았을 때 장인에게서 급히 와달라는 전화가 왔다. 테이크아웃 커피를 들고 전셋집으로 간 나는 황당한 말을 들었다.

"1시부터 기사들을 기다렸는데, 이 사람들이 오지를 않아. 지금 가슴이 너무 답답해서 견딜 수가 없어. 난 자네 집에 다녀올 테니 자네가 있다가 해결 좀 해."

"에어컨 기사들이 언제 오기로 했는데요?"

"응……, 3시 30분."

그런데 그때 시각이 3시 15분이었다. 3시 30분에 오기로 한 사람들을 1시부터 기다리다가 지치셨다니……! 그 말을 듣자 "이게 뭐지?"하는 생각이 들며 화가 솟아올랐다. 그런데 바로 그때 아침에 토론했던 '비폭력대화'의 원칙이 떠올랐다. "먼저 상대방의 느낌과 욕구에 공감(동의)하라!" 장인의 느낌과 욕구에 집중해보니, 에어컨기사들과의 만남을 극도로 두려워하고 있음을 알 수 있었다. 십여 년 이상 사회생활을 하지 못한 장인은 낯선 사람과 대면하는 일을 극도로 꺼리셨다.

그렇게 이해하고(장인어른의 감정에 동의하고) 홀로 에어컨 기사들을 기다렸다. 기사들은 4시가 다 돼서 도착했다. 에어컨을 설치하는 일은 삼십여 분만에 끝났다. 그런데 실외기를 설치하는 장소가 문제였다. 기사들은 실외기를 창문 옆에 설치하려 했다. 약간 지하였던 전셋집 창문 앞은 작은 창고로 가는 통로이기도 했다.

나는 창문 바로 옆에 설치하지 말고 맞은편 벽 쪽으로 붙여서 설치하는 게 좋겠다고 말했다. 그러자 기사가 그러면 설치가 복잡하니 창문 옆에 실외기를 놓게 해달라고 통사정을 했다. 설치 스케줄이 꽉 짜인 설치기사들은 시간에 쫓기는 듯 보였다. 집주인에게 동의를 구하려고 전화를 걸었는데 받지 않았다. 그녀는 평소에도 세입자들의 전화를 잘 받지 않는 편이었다. 나는 실외기를 기사의 요구대로 창문 옆에 설치하게 했다.

사람의 마음을 움직이는 동의의 법칙

그런데 다음 날 문제가 터졌다. 주일예배가 시작될 즈음 집주인으로부터 실외기를 옮겨달라는 연락이 온 것이었다. 성가대석 앞쪽에 앉아 있던 아내가 울 것 같은 얼굴로 나를 돌아보며 말했다.

"당신, 어제 실외기 계단 쪽에 설치했어?"

"어……."

"내가 창문 쪽에 설치하라고 했잖아! 내가 정말 못 살아. 이것 좀 봐."

아내가 건넨 핸드폰에는 이런 문자가 적혀 있었다.

에어컨 실외기를 건너편 쪽으로 옮겨 주세요

내게 핸드폰을 건네받은 아내가 다시 투덜거렸다.

"왜 나만 없으면 꼭 그렇게 사고를 치는 거야? 에이, 다 내가 잘못한 거야. 몸이 아파서 죽을 지경이 돼도 내가 갔어야 하는 건데……."

아내가 나를 원망스럽게 바라보며 매듭을 지었다.

"난 몰라. 당신이 알아서 해결해."

아내는 토라져서 고개를 돌렸다. 성가대 테너 파트였던 박 선배가 당황한 표정으로 그 모습을 쳐다보고 있었다.

예배 시간이 끝날 때까지 아내의 등을 보는 일이 너무 힘들었다. 그 딱딱하게 굳은 등에는 한계에 다다른 분노와 설움이 깃들어 있었다. 당시 아내는 몇 달 전부터 집 근처로 이사 오신 장인을 모시는 일로 극심한 스트레스를 받고 있었다. 터져 나오는 속울음을 참으며 예배를 견디고 있을 아내의 뒷모습을 보면서 가슴속으로 죄책감과 분노가 들끓어 올랐다.

예배가 끝나자마자 교회 건물 밖으로 나가 집주인에게 전화를 걸었다. 감정이 격한 상태에서 통화하다가 분노를 터트리는 모습을 교인들에게 보이고 싶지 않았기 때문이다. 마음 같아서는 당장 주인 집으로 쳐들어가서 시비를 따지고 싶었다.

"안녕하세요? 저 101호에 사시는 할아버지의 사위입니다."

"네, 안녕하세요. 제가 지금 운전 중이라서요. 조금 있다가 다시 걸어주실래요?"

그때 집주인이 운전 중이었던 건 결과적으로 천만다행 한 일이었다.

차로 가서 전화해야겠다는 생각이 들어 주차장으로 발길을 돌렸다. 이삼 분간 주차장으로 걸어가다 보니 감정이 다소 진정되는 게 느껴졌다. 사실 그때까지는 전날 토론했던 비폭력대화법이 하나도 생각나지 않았다.

차에 앉아서 다시 전화를 걸었다. 통화가 되자마자 내가 다짜고짜 말했다.

"지금 댁에 계신가요? 제가 좀 찾아뵙고 싶은데……."

"지금 어디에 가는 길이에요. 그냥 전화로 말씀하시죠."

나는 전날 있었던 일과 일주일 전 벽에 구멍을 더 뚫게 하지 않으려고 에어컨 기사들을 돌려보냈던 일들을 설명한 후 그녀에게 부탁했다.

"제가 부탁드리고 싶은 건 아주머니를 배려하려고 하다가 생긴 일이니까, 좀 불편하시더라도 이해를 해주셨으면 좋겠다는 거예요."

그러나 집주인은 좀처럼 우리의 처지를 이해해주려 하지 않았다.

"지난주에 부인한테 지나다니는 게 불편하니까 다른 곳에 설치해 달라고 얘기했거든요. 저희는 수시로 그 창고를 지나다녀야 하기 때문에 실외기를 옮겨주셨으면 좋겠어요."

아내의 말에 따르면 창고 안에는 쓸 만한 물건이 거의 없는 잡동사니들뿐이었다고 했다. 실제로 그 길을 지나다닐 일은 거의 없다고 봐도 무방했다. 그러나 나는 그런 말로 집주인을 자극하지 않았다. 그녀는 아내가 자신의 제안을 거절한 데 감정이 상한 듯했다. 바로 그 순간이었다. '집주인이 끝까지 고집을 부린다면 그냥 받아들여야겠구나' 하는 생각이 든 것은. 이어서 '얼마 되지 않는 돈으로 서로 상처를 입히며 싸울 이유가 없겠다'는 생각이 들었다. 그러자 내 입에서 이런 말이 튀어나왔다.

"실외기를 옮기려면 기사들을 다시 불러서 출장비와 설치비를 또 주어야 하거든요. 그래도 옮겨달라고 하신다면 그렇게 하겠습니다."

돌아보니, 그 순간은 내 인생의 '역사적 순간'이었다. 나는 몇 분 전까지만 해도 도저히 받아들일 수 없다고 여겼던 집주인의 말에 '동의'한 것이었다. 그것은 상대방을 통제하겠다는 마음을 '놓아 버린' 순간이기도 했다. 그러자 주인 아주머니로부터 이런 대답이 돌아왔다.

"그럼, 이렇게 하세요. 설치비가 들면 그대로 놔두고 설치비가 들지 않으면 옮겨주는 거로요."

아주머니로부터 나를 배려하는 대답이 돌아온 것은 내가 그녀의 감정에 동의하고 선택권을 준 순간이었다. 나는 그 대화를 통해서 '인간은 자신이 통제하고 있다는 느낌을 받을 때 상대를 배려하는 마음을 가지는 존재'라는 사실을 깨달았다. 또한 그 대화는 나로 하여금 즉흥 코미디의 '동의의 기법'을 체득하게 해준 결정적 사건이기도 했다.

액션이 있어야 리액션도 있다   다음 날 에어컨 기사와 통화할 때도 나는 같은 대화법으로 소통했다.

"토요일 날 함께 온 기사님이 자꾸 창문 옆에 실외기를 다는 게 좋겠다고 하셨잖아요. 때마침 집주인에게 전화를 했는데 연락이 되지 않아서 제가 그렇게 하라고 허락을 했고요. 그런데 어제 주인이 실외기를 옮겨달라고 전화를 했어요. 이걸 어떻게 해야 하죠?"

나는 그에게 나의 요구를 말하지 않고 그의 대답을 기다렸다. 이 침묵은 그와 나의 '즉흥 대화'에서 대단히 중요한 의미를 갖고 있었다. '당신이 어떤 말을 하든지 나는 동의할 준비가 되어 있다'는 메시지를 보낸 것이기 때문이다. 몇 초간의 침묵이 흐른 뒤에 그의 대답이 들려왔다.

"제가 그쪽으로 작업하는 길에 들러서 실외기를 옮겨드리겠습니다."

그의 대답은 내가 원하던 바로 그 대답이었다. 그 말이 내 입에서 나왔더라면 그는 자신이 '상황을 통제하고 있다'는 느낌을 받지 못했을 것이며, 그 대답 또한 쉽게 나오지 않았을 것이다. 상대방의 마음을 열고자 한다면, 열쇠를 상대방에게 줘야 한다.

집주인 아주머니와 에어컨 기사는 내가 그들의 감정에 동의를 표하고 선택권을 그들에게 주었을 때, 자신의 감정이 받아들여졌다고 느꼈다. 그것이 그들의 변화를 낳은 티핑 포인트였던 것이다.

아이와의 소통도 마찬가지일 것이다. 아이의 자기통제감을 존중해주는 것이 관건이다. 여기서 중요한 것은 엄마가 열쇠를 건네는 '액션'을 하지 않으면, 아이도 마음을 여는 '리액션'을 할 수가 없다는 사실이다.

인생은 즉흥극에 가장 가깝고, 우리가 살면서 나누는 대화는 '즉흥 대화'와 가장 유사하다. 아이러니한 것은 '즉흥 대사'도 통제될 수 있다는 것이다. 동의의 기법을 잘 살린다면 즉흥 대화는 중단되지 않기 때문이다. 부모가 아이의 말을 거부하지 않고 그의 감정을 전적으로 수용한다면, 인생의 즉흥극은 계속 이어질 것이고 장면마다 재미와 즐거움을 안겨줄 것이다.

비극을 그리는 엄마 vs.
가족 행복극을 써나가는 엄마

진이가 고2가 됐을 때 아내에게 위기가 찾아왔다. 정확히 말하자면, 아내와 딸의 관계에 위기가 찾아온 것이었다. 그러니까, 딸에게 남자친구가 생기면서 둘의 관계는 삐거덕거리기 시작했다.

일요일 오후, 단골 카페에서 책을 읽다가 아내로부터 문자를 받았다.

딸이 날 너무 막 대하네. 그래서 화남. 말하기도 싫어.

시계를 보니 딸이 양식 조리사 실기 시험을 보고 왔음직 한 시간이었다. 아내는 시험장까지 차로 딸을 데려다준 뒤, 주차장에서 기다렸다가 시험이 끝난 뒤 같이 집으로 돌아가는 길이었다.

저녁 식사 후 아내와 집 근처 야산으로 운동을 하러 갔다. 아내가 흥분한 목소리로 내게 말했다.

"진이를 데리고 오면서 내가 물어봤어. '돼지 뼈다귀 핏물 빼려면 어떻게 하지?'라고. 그랬더니 황당하다는 표정으로 그런 걸 왜 자기한테 묻느냐는 거야. 내가 '조리 실습하면서 해봤을 거 아니야? 엄마가 그런 것도 못 물어봐?'라고 하니까, 자기도 잘 모른다면서 화를 내더라고. 기집애가 엄마를 무시해도 유분수지……. 나 참, 기가 막혀서."

아내는 절친에게 배신당한 소녀처럼 분을 삭이지 못하고 있었다. 딸을 남자친구에게 뺏겼다는 상실감이 아내의 마음에 자리 잡고 있는 듯 보였다. 그러니까 나는 딸의 남자친구를 질투할 겨를이 없었다. 딸의 남자친구를 시기 질투하는 것은 대개 아버지의 몫이라지만 말이다!

딸은 두 주 전쯤부터 조리학과 1년 후배인 1학년 얼짱과 '썸을 타다'가 며칠 전부터 사귀고 있었다. 두 주 동안 열 시가 넘어서 집에 온 딸이 남자친구와 두 시간 씩 통화를 하고 문자를 주고받는 걸 본 아내는 속이 터졌다. 처음엔 아내도 딸이 남자친구 사귀는 걸 환영하는 입장이었다. 한창 열에 들떠서 썸을 탈 때는 조언을 아끼지 않을 정도로 든든한 지지자이기도 했다. 그러나 딸이 밤늦게까지 남자친구와 통화하며 조리학과 유학반 공부에 소홀히 하는 모습을 보면서 적잖은 실망한 모양이었다.

아내와 딸이 결정적으로 불화하게 된 건 전날의 사건 때문이었다. 토요일이었던 그날 딸은 남자친구와 집 근처에서 만나 근린공원에 가서 놀았다. 서너 시간 동안 놀고 온 딸이 천연덕스러운 얼굴로 아내에게 이렇게 말했다고 한다.

"공원에서 형준이랑 게임을 하면서 놀았어. 내가 이기면 형준이에게 맛있는 거 사달라고 했고, 형준이가 이기면 안아달라고 했는데, 내가 졌지만 안아주진 않았어."

그 말에 발끈한 아내가 딸에게 버럭 화를 냈던 것이다.

"뭐 그런 놈이 다 있냐? 그 자식 그거 선수 아니야? 걔 그만 만나야겠다."

그 말을 들은 딸이 토라져서 제 방으로 들어가 버렸고, 그때부터 둘의 냉전이 시작된 것이었다.

"아니, 내가 틀린 말 했어? 연애 경험이 얼마나 많으면 벌써 그런 수작을 부리냐고? 그리고 그 기집앤 왜 꼬박꼬박 나한테 다 얘기하는지 모르겠어. 그런 얘긴 좀 안 했으면 좋겠는데."

아내의 말을 듣고 난 내가 말했다.

"그러게 말이야. 걔는 왜 그런 얘길 해서 당신을 힘들게 하는 거야. 근데 어제 진이한테 이렇게 말해줬으면 더 좋지 않았을까? '진아, 네 남자친구가 서두르는 것 같아서 엄마가 좀 걱정된다'라고."

발끈한 아내가 흥분한 목소리로 말했다.

"어떻게 그런 말이 나와? 그 자식이 선수 맞으니까 선수라고 한 건데 뭐가 잘못됐어?"

"그게 아니라, '네 남자친구 선수니까 나쁘다'는 말을 들은 진이 입장에서 한 번 생각해보자는 말이야. '그럼, 난 바람둥이 같은 애랑 사귀고 있는 한심한 여자애인 건가' 하는 생각이 들었을 거라고. 그래서 당신한테 화를 냈을 거야."

"그럼, 어떻게 말해줘야 하는 거야? 난 남자친구가 후배라는 것도 좀 그래. 그러다 둘이 사고라도 치면 걔네 집에서는 한 살이라도 많은 우리 딸을 걸고넘어질 거라고."

아내가 그런 걱정까지 하게 된 것은 한 달 전에 봤던 영화 〈한공주〉의 탓이 컸다. 집단성폭행 피해자인 영화의 주인공처럼 비극을 맞을까 봐 전

전궁궁했던 아내는 평소와는 완전히 다른 연기를 보여주었다. 문제는 어머니의 불안한 감정이 딸에게 그대로 전염된다는 것이었다. 그런 전염은 딸의 연애에도 전혀 도움이 되지 못할 터였다. 자녀는 부모가 머릿속에 그리고 있는 이미지대로 행동하기 쉽기 때문이다.

"내 생각에는 진이를 믿어주는 게 부모로서 가장 현명한 자세인 거 같아. 어제 당신이 '엄마는 우리 딸이 남자친구랑 현명하게 잘 사귈 거라고 믿어'라고 말해줬으면 더 좋았을 거야."

"몰라! 난 요즘 우리 딸이 내 딸 같지가 않아. 나 요즘 너무 혼란스러워. 내가 그동안 애들을 잘 키운 건지 의심스럽기도 하고."

아내는 아들에 대해 아쉬운 감정도 내비쳤다. 대학에 입학한 아들은 첫 중간고사 시험에서 그리 좋은 성적을 받지 못했다. 점수를 많이 낮춰서 들어간 학과였기에 내심 장학금을 받으리라 기대하고 있던 아내로서는 다소 실망스러운 상황이었다.

"왜 부모는 자식에게 아무 기대도 하지 않고 사랑만 쏟아줘야 해? 아들이 장학금 좀 받기를 기대하고, 딸이 조리시험 좀 합격해주기를 기대하면 안 되는 거야?"

아내의 목소리는 격앙돼 있었다. 아이들에 대한 서운한 감정이 헤아려졌다. 그러나 한편으로 아내의 감정이 '실연'에 가깝다는 생각을 지울 수 없었다. 진이를 형준이에게 뺏겼다는 생각이 아내의 마음속 깊은 곳에 자리 잡은 듯했다.

"내가 전에 《이것은 왜 청춘이 아니란 말인가》라는 책 얘기했었잖아. 요즘은 대학생만 돼도 계급적 인식이 확고해져서 끼리끼리 연애한다고. 그래서 집안의 재산이나 부모의 지위가 비슷한 애들끼리 사귄대요. 당신 조카 세창이가 들어간 연극영화과에서는 동성친구들조차 끼리끼리 어울린다면서? 부유한 애들은 자기들끼리 레스토랑 가서 밥 먹고, 가난한 애들은 중국집에 가서 자장면 먹는다잖아. 저자의 말이 이젠 순수한 연애를 하려면 중고등학교 때 해야 된대요. 그런 면에서 난 진이가 고등학교 때 남자친구를 사귀게 된 건 좋은 일이라고 생각해. 그리고 생각해봐. 미국으로 유학가면, 남자애들이 전부 형준이보다 더 개방적인 놈들일 텐데, 미리 적응하고 가는 것도 괜찮잖아, 안 그래?"

그제야 아내가 조금 누그러진 목소리로 대답했다.

"그건 그렇지."

"그래. 법륜 스님이 자식은 스무 살이 되면 다 독립시키라고 했잖아. 대학교 학비가 다 무료고 생활자금도 보조해주는 스웨덴 같은 나라라면 스무 살부터 독립시킬 수 있지만, 우리나라는 그렇지 못하니까 대학교 때까지만 지원해주고 떠나보내면 되는 거야. 그다음부터는 더 해주지도 말고 바라지도 않으면서 사는 거지, 뭐."

경사진 산길을 헉헉거리며 오르며 아내가 부루퉁하게 말했다.

"그러게. 그동안 '딸이 유학 가면 외로워서 어떻게 사나' 하는 걱정이 많았는데, 이번 기회에 확실히 정을 뗄 수 있을 거 같아. 잘됐네!"

일단은 아이의 감정에 동의하는 것이 먼저다

그날의 산행으로 아내의 마음은 조금이나마 풀어진 듯했다. 그날 저녁엔 딸에게 건네는 아내의 말투가 한결 부드러워져 있었다.

다음 날 밤, 진이를 픽업해 집으로 돌아왔을 때였다. 딸이 현관문으로 들어서자 아내가 활짝 웃으며 딸을 안아주었다. 그러자 딸이 노래하듯이 말했다.

"엄마, 사랑해. 아빠도 사랑해."

산에 갔던 날, 아내와 나는 '딸의 연애'에 대해 가족회의를 해야 하는 게 아닐까, 고민했었다. 그러나 섣불리 간섭하면 오히려 진이의 자기통제감을 침해할 수 있다는 염려 때문에 주저하고 있었다. 모든 인간이 그렇지만, 사춘기 아이는 특히 자신의 삶을 스스로 통제하려는 욕구가 강하다.

그러다 그날 밤 아내와 《회복탄력성》이라는 책에 대해 대화하다가 자연스럽게 딸에게도 마음을 전할 기회를 얻었다. 이때는 윤정의 부모에게 회복탄력성에 대해 말하기 전이었다.

"여보, 미국의 심리학자들이 하와이의 카우아이 섬에서 열악한 가정들을 대상으로 회복탄력성 실험을 했대. 그런데 최악의 가정에서 자란 아이 중에서 삼분의 일은 평범한 가정에서 자란 아이들만큼 훌륭하게 성장했다고 해. 대부분 십대 미혼모에게 태어나거나 결손 가정에서 자란 아이들이었는데 말이야. 그런데 회복탄력성이 뛰어난 아이들에게는 한 가지 공통점이 있었대. 가족이나 친척 중 자신을 전폭적으로 믿어주고 지지해주는 사람이 꼭 한 명은 있었다는 거야. 그런 아이들은 어떤 어려운 환경 속에서도 삶을 망가뜨리지 않는 힘을 갖고 있었다고 해."

평소에는 내가 책에서 읽은 내용을 말하는 걸 꽤 싫어하던 아내였으나, 그날만큼은 귀 기울여 주었다. 아내가 고개를 끄덕이며 내게 말했다.

"맞아. 학교에서 보는 애들도 다 그렇잖아. 어느 강사가 한 말인데, 요즘에도 개천에서 용 나는 경우가 딱 하나 있대. 그건 바로 부모의 관계가 행복한 가정이래. 그런 집에서는 용이 날 수 있대."

옆에서 텔레비전을 보며 우리 부부의 대화를 듣고 있던 딸에게 내가 말했다.

"진아, 아빠도 우리 딸 믿어. 네가 남자친구하고 현명하고 지혜롭게 사귈 거라고, 알지?"

딸이 조금 얼떨떨한 표정으로 대답했다.

"어? 어……."

그 모습을 본 아내가 웃으면서 말했다.

"어쩌 아빠 말에 진심이 묻어 있지 않은 것 같다, 그치?"

내가 정색하며 딸에게 말했다.

"아니야! 진아, 아빠는 진심으로 그래. 우리 딸이 좋아하는 남자친구는 아빠도 무조건 좋아. 또 서로 건전하게 사귈 거라고 믿고."

딸이 입가에 미소를 지으며 말했다.

"아빠, 고마워."

잠시 뒤, 형준으로부터 진이에게 전화가 왔다. 통화하러 제 방으로 들어가던 딸에게 아내가 말했다.

"먼저 씻고 통화해."

딸이 핸드폰을 움켜쥐며 말했다.

"금방 전화하고 씻을게."

아내가 부드러우면서 단호한 목소리로 말했다.

"무슨? 그러다 한 시간은 훌쩍 넘길 거면서. 네가 나중에 씻는 소리 때문에 잠이 깨면 제대로 못 자게 돼. 그러니까 먼저 씻고 전화해."

딸은 "알았다"고 대답한 뒤, 남자친구에게 "좀 이따 내가 전화할게"라고 말했다. 그렇게 아내와 딸은 한 고비를 넘기고 예전의 관계를 조금씩 회복해갔다.

아내가 딸과의 관계를 회복할 수 있었던 것은 감정의 방향을 거꾸로 돌렸기 때문에 가능한 일이었을 터였다. '착하던 딸이 남자친구 때문에 변했다'며 문제의 원인을 딸에게 돌렸을 때, 아내는 서운한 마음을 극복할 수 없었다. 그러다 '엄마의 뜻대로 딸을 통제하려는' 자신의 마음에서 원인을 찾자 해결의 실마리를 발견할 수 있었던 것이다.

며칠 뒤, 딸을 픽업하러 S생활과학고로 갔다가 딸의 남자친구 모습을 얼핏 볼 수 있었다. 진이가 친구들과 횡단보도를 건너왔을 때, 키가 큰 남학생이 정류장에 있다가 뛰어가 딸에게 뭔가를 전해주고 돌아갔다. 그 모습에서 두 아이가 서로 진심으로 아끼고 좋아하고 있다는 걸 느낄 수 있었다.

나는 진이가 차에 탔을 때, 방금 본 것을 못 본 척했다. 딸이 친구에게 받은 걸 다 먹을 때까지 쳐다보지도 않았다. 왠지 그래야 할 것 같았다. 그래서 그게 무엇인지는 끝내 알 수 없었다.

**믿어주는 아빠,
정중한 아빠를 연기하다**

그 주 토요일, 준이가 대학 기숙사에서 집으로 돌아왔다. 온 가족이 식사하기 위해 근처 식당에서 딸과 아들을 기다리다 잠시 화장실에 다녀오던 길이었다. '우리 딸이 지금쯤 올라오고 있으려나?' 하며 언덕 아래쪽을 내려다보던 내 눈에 키 큰 아이 둘이 들어왔다. '어?' 하며 건너편 마을버스 정류장에 서 있던 딸을 보다가, 옆에 서 있던 남학생과 눈이 마주쳤다. 훤칠한 키를 보니 남자친구 형준이 틀림없어 보였다. 내심 잘됐다는 생각이 든 나는 반가운 얼굴로 정류장을 향해 길을 건너갔다. 눈이 마주친 상황이었기 때문에 모른 척하고 식당으로 들어갈 수도 없는 상황이었다. 웃는 얼굴로 형준에게 손을 내밀며 말했다.

"네가 형준이구나?"

형준은 어색하면서도 밝은 표정으로 인사를 하며 내 손을 마주 잡았다. 한 눈에 착한 인상과 선량한 눈이 마음에 들었다.

"키가 185라고 그랬지? 그만큼 커 보이진 않는데?"

내 말에 형준이 다시 어색한 웃음을 지었다. 잘생긴 얼굴과 길게 빠진 몸매가 과연 딸이 반할 만 했다. 딸이 형준보다 더 당황한 얼굴로 내게 말했다.

"애, 키 185 맞아."

"그래, 그 정도 되겠네."

내가 주머니에서 지갑을 꺼내며 말했다.

"형준아, 난 진이 친구들 보면 만 원씩 주거든. 너도 이걸로 맛있는 거 사먹어."

'아빠가 왜 저러나' 하는 표정을 보고 있던 딸과 달리 형준은 싹싹하게 웃으며 만 원을 건네받았다. 그때 마침 마을버스가 도착했다. 마치 영화처럼 제때에 버스가 와준 것이었다. 형준이 애정이 담긴 눈으로 딸을 보며 말했다.

"갈게."

"그래, 잘 가."

딸과 형준은 서로에게 부드럽고 따뜻한 시선을 건네며 헤어졌다. 형준이 내게 꾸벅 인사한 뒤 마을버스에 올라탔다.

"그래, 잘 가라. 형준아, 다음에 또 보자."

나는 마을버스가 지나갈 때까지 딸 옆에 서서 형준에게 손을 흔들어 주었다. 딸이 당황한 표정으로 웃으며 내게 말했다.

"아빠, 왜 이렇게 오버해?"

"오버하는 게 아니라, 네 남자친구가 마음에 들어서 그러지. 눈빛이 선량한 게 참 마음에 드네. 역시 우리 딸이 좋아하는 남자친구는 달라도 뭔가 달라!"

내 말에 딸이 수줍게 웃으며 말했다.

"어때? 내 남자친구 괜찮지? 내가 보는 눈은 좀 있잖아, 아빠."

"그럼, 당연하지."

나는 진이의 손을 잡고 식당으로 들어갔다. 딸의 남자친구와 좋은 에너지를 주고받을 기회를 얻은 데 감사하면서……

나도 영화 〈한공주〉를 본 아버지였던 터라 딸의 연애에 대해 불안한 감정이 없었던 것은 아니었다. 하지만 그런 불안을 진이에게 전달하고 싶지 않았기 때문에 오히려 '신뢰하는 아버지' 역을 성실히 연기해 준 것이었다. 형준을 만났을 때도 나는 '딸의 남자친구를 정중하게 대하는 아버지' 역을 성의껏 연기해주었다. 그래야 형준도 내 딸을 정중하게 대해주고 싶은 마음이 생길 것이기 때문이었다.

연기자 엄마는 아이에게 감정을 전염시킨다　말콤 글래드웰의 책 《티핑 포인트》에는 탐 가우라는 탁월한 세일즈맨이 나온다. 그는 미국 엘에이에서 활동하는 보험전문가이면서 주식중개인이며 은퇴 전문가이기도 하다. 보통 사람들이 상대방에게 신뢰를 쌓기 위해서 1

시간 정도의 대화가 필요하다면, 탐 가우는 단 5분 만에 신뢰감을 느끼게 하는 놀라운 능력을 가졌다. 그런 탁월한 설득력으로 연간 수십 억대의 수입을 올리고 있다고 한다.

탐 가우의 예를 들며 말콤 글래드웰은 "인간의 감정은 전염된다"라고 말한다. 사실 그것은 우리가 보편적으로 경험하는 일이기도 하다. 우리는 정서적으로 카리스마가 강한 사람의 감정에 많은 영향을 받으며 살게 된다. 그렇다면 정서적 표현력이 적은 사람의 감정이 큰 사람에게도 영향을 줄 수 있을까? 그것은 가능하지 않다고 한다.

심리학자들은 이처럼 정서를 전염시키는 능력이 탁월한 사람들을 '발신인'이라고 부른다. 발신인은 의료 분야에서 전염병을 퍼트리는 '보균자'의 역할과 같다고 한다. 감정이 전염되는 방식이 질병이 전염되는 방식과 흡사하기 때문이다.

그러니까 탐 가우는 자신의 감정을 전염시키는 능력이 뛰어난 사람이었다. 그를 인터뷰했던 말콤 글래드웰의 설명을 들어보자.

탐 가우와 만났을 때 가장 놀라웠던 기억은 그의 오페라 가수와 같은 음역을 갖고 있었던 목소리였다. 그는 가끔 엄격한 목소리로 '다시 한 번 말씀해주시겠니까?'라고 말하곤 했다. 그러다가 때때로 느리고 나른하고 편안하게 말하곤 했다. 또 어떤 경우에는 말을 하면서 껄껄거렸다. 그는 말을 노래하듯이 했다. 이처럼 분위기가 바뀔 때마다 그의 얼굴은 환하게 밝아지고, 움직이며, 편안하고 재치 있게 변했다. 그의 발언에는 모호함이 없었다. 모든 것은 그의 얼굴로 표현되었다. 물론 내가 나 자신의 얼굴을 볼 수는 없었지만, 추측하건대 내 얼굴은 그를 비추는 거울 역할을 했을 것이다.

독자들도 느꼈을 것이다. 탐 가우가 완벽한 연기자의 모습을 보여주었다는 것을. 그는 감정을 자유자재로 표현하면서 삶을 연출하고 있었던 것이다. 이처럼 감정 표현력이 뛰어난 사람은 상대에게 자신의 감정을 전염시킨다. 마찬가지로 연기자 엄마는 아이에게 자신의 감정을 전염시킬 수 있다. 아이가 엄마의 감정에 전염되었다는 것은 엄마의 생각에 설득되었다는 뜻이기도 하다.

사춘기는 자신의 삶을 스스로 통제하고자 하는 시기이기 때문에 사춘기 아이를 설득하는 것은 결코 쉬운 일이 아니다. 사춘기 자녀의 엄마는 탐 가우처럼 전염력 있는 연기자가 되어야 한다. 아이의 감정에 전염되는 것이 아니라 엄마의 감정을 아이에게 전염시킬 수 있는 정서의 발신인이 되어야 한다.

아이에게 삶의 길을 제시하는
큰 바위 얼굴 엄마

학장 시절에 교과서에서 나다니엘 호손Nathaniel Hawthorne의 〈큰 바위 얼굴〉을 읽은 기억이 있다. 미국의 한적한 시골 마을 뒷산에 사람의 얼굴을 닮은 큰 바위가 있는데, 마을에는 언젠가 그 얼굴을 닮은 지혜로운 현자가 나타나리란 전설이 내려오고 있었다.

그 마을에서 태어난 어니스트는 가난하고 교육도 제대로 받지 못했지만, 언젠가 큰 바위 얼굴이 나타날 거라는 기대를 갖고 살아간다. 그는 적어도 큰 바위 얼굴 앞에서 부끄럽지 않은 삶을 살기 위해 최선을 다한다. 세월이 흘러 어니스트가 장년이 되는 동안, 사람들이 큰 바위 얼굴이리라 생각한 인물 여럿이 나타나지만 모두 그렇지 않다는 것이 판명 난다.

세월이 더 흘러 어니스트가 노년이 되었을 때, 마을 사람 중 누군가 그를 보고 이렇게 소리친다.

"여러분, 저기 큰 바위 얼굴이 있습니다."

주름진 어니스트의 얼굴 위에 큰 바위 얼굴의 모습이 뚜렷이 나타나 있었던 것이다. 그러나 어니스트는 자신이 큰 바위 얼굴이라고 여기지 않는다. 그저 자기보다 더 지혜롭고 현명한 큰 바위 얼굴을 기다릴 뿐이다.

엄마는 아이에게 '큰 바위 얼굴' 같은 존재가 되어야 할 것이다. 그렇다. 우리는 모두 아이에게 큰 바위 얼굴이 되고 싶다. 아이에게 완벽한 큰 바위 얼굴이 될 수는 없지만, 엄마는 끊임없이 큰 바위 얼굴 같은 모습을 연기해주어야 한다. 지혜롭고 인자한 '바위'의 얼굴을 말이다. 바위가 차갑다는 점에서 큰 바위 얼굴은 '차가운 사랑'을 내면화하고 있는 듯하다. 이어령은 책 ≪짧은 이야기, 긴 생각≫에서 어미 곰으로부터 '차가운 사랑'을 배우자고 권한다.

곰의 모성애는 인간보다 더 깊고 따뜻하다는 평을 받는다고 한다. 그런데 어미 곰은 새끼를 지극정성으로 보살펴 주다가, 두 살이 될 즈음 새끼를 먼 숲의 딸기밭으로 데리고 간다. 새끼가 딸기를 먹느라 정신을 팔고 있을 동안, 어미 곰은 눈물을 머금고 그곳에서 몰래 도망쳐 나온다. 새끼가 혼자 살 수 있도록 먼 숲에 버리고 오는 것이다.

이어령은 아이가 다 자라면 어미 곰처럼 엄마도 뜨거운 사랑을 내려놓고 차가운 사랑을 품어야 한다고 말한다. 그래야만 아이가 홀로 선 '진정한 삶'을 살 수 있기 때문이다. 이때 엄마가 가슴속에 품고 있는 얼음장처럼 '차가운 사랑'은 불길 같은 뜨거운 사랑보다 더 뜨겁다. 준이가 고3이 되었을 때, 아내와 내게도 그런 사랑이 요구되었다. '차가운 사랑'은 뜨거운 사랑보다 훨씬 더 힘든 것이었다.

**그 모든 것은 아이가
걸어가는 삶의 여정일 뿐**

여행하기 딱 좋은 날이었다. 아내와 나는 11월 초의 고속도로를 거침없이 질주했다. 마치 우리 두 사람만을 위한 길이라는 듯 서해안도로는 쭉 뻗어 있었다. 이따금 지나치는 차들이 반갑다며 인사를 건네는 것 같았다. 아내와 나는 아들이 수능시험을 보고 있는 전주의 어느 고등학교를 향해 느긋한 여정을 밟고 있었다.

준이에게 고등학교 3년은 험난하고도 '재미진' 시기였다. 전교에서 최고였던 자존감이 한없이 떨어지는 추락의 시기였으나, 그럼에도 불구하고, 아니 그러했기 때문에 자존심 따위를 내려놓고 친구들과 재미있게 즐기는 법을 배울 수 있었던 시기였다. 준이는 3년간 부모를 떠난 독립적인 삶에서 얻을 수 있는 자유의 맛을 제대로 알아버렸다. 녀석은 하락일로의 성적을 얻으면서도 거침없이 떳떳한 존재로 자라갔다.

준이는 1학년 말 즈음에 이전의 삶, 그러니까 중학교 시절처럼 최고를 향해 달려가는 삶으로 돌아갈 기회가 있었다.

준이가 자립형 사립고에 입학했던 해, 나는 우연히 카페에서 대학생이 된 제자를 만났다. 3년 전에 외고에 들어갔던 아이였다. 처음엔 몰라볼 정도로 살이 빠지고 예뻐진 혜리를 알아보지 못했다. 생기 있고 열정적으로 대학생활을 하고 있는 제자의 모습이 보기에 좋았다.

대화가 무르익었을 때, 혜리는 내게 뜻밖의 고백을 했다. 외고에서 공부하는 3년 동안 극심한 좌절을 겪었다는 것이었다. 이민 생활을 통해 영어를 완벽하게 습득해온 친구들을 보면서 그들을 도저히 따라갈 수 없다는 열등감을 극복하기 힘들었다고 했다. '내가 이것밖에 안 되는 존재였나?'

하는 생각이 고등학교 내내 그를 짓눌렀다. 그 열등감은 중학교 때까지 스스로에게 느꼈던 우월감만큼 그를 아프게 했을 터였다.

혜리에게는 재수를 선택한 것이 큰 약이 되었다. 재수 학원에서 다른 친구들을 가르쳐주며 도와주는 입장이 되면서 다시 자존감을 되찾을 수 있었기 때문이다. 재수 후, 혜리는 원하는 학과에 들어가 만족스러운 대학 생활을 하고 있었다. 그래도 중학교 때 공부를 더 못했던 친구들이 인문계에서 착실히 공부해 더 좋은 대학에 다니는 걸 보면 마음이 씁쓸해진다고 했다.

혜리를 만난 다음 날, 준이로부터 '11월부터 기숙사에서 강제 퇴사를 당하게 되었다'는 문자를 받았다. 사실 아들의 퇴사는 1학기부터 예고된 것이었다.

자립형 사립고에서 준이의 성적은 중간 정도였다. 전교에서 가장 주목받던 존재에서 졸지에 평범한 존재로 전락하게 된 것이었다. 남다른 인정 욕구를 타고났던 녀석은 그곳에서도 어쨌든 '주목받는 존재'가 되어 갔다. 중학교 때와는 사뭇 다른 방향으로 말이다.

한두 달에 한 번씩 만나곤 했던 아들은 수업 시간에 선생님께 항의하다가 수행평가 점수를 깎였다거나, 핸드폰을 하다가 뺏겼다는 말을 자랑스럽게 하곤 했다. 기숙사에서 사소한 부주의로 받곤 하던 벌점도 차곡차곡 쌓여갔다. 그렇게 받아온 벌점이 1학기 말에 어느새 13점에 이르렀다. 퇴사를 당하는 벌점 점수는 15점이었다. 그래도 우리 부부는 마지막 2점은 잘 관리하리라 믿었다. 여름방학 동안 집에서 지내고 난 아들은 "기숙사에서 끝까지 살아남을 테니 걱정하지 마시라"며 큰소리를 탕탕 치고 학교로 돌아갔었다.

그런데 2학기 때 다른 문제가 불거졌다. 준이가 같은 반 친구 한 명과 극심한 갈등을 겪게 된 것이었다. 중학교 때는 그런 일이 없던 아들이었다. 눈치를 보니 반 분위기를 좌지우지하던 두 녀석이 주도권 싸움을 하다가 사이가 나빠진 듯했다. 준이는 그 친구가 다른 친구들에게 자신의 험담을 하는 것 때문에 힘들어했다. 친구들 사이에서 고립감을 느끼는 게 얼마나 힘든지 우리는 너무도 잘 알고 있었다. 그러던 아들은 추석 명절을 지내고 돌아갈 즈음 '집 근처로 전학 오고 싶다'는 마음을 슬쩍 내비쳤다.

아들이 학교로 돌아간 뒤, 나는 담임 선생님에게 이런 요지의 긴 편지를 보냈다.

아들이 다시 서울로 전학 오는 건 언제든지 환영하지만, 교실에서 어떤 일로 갈등을 겪고 있는지 알고 싶습니다. 전학을 오더라도 그곳에서 잘못한 일에 대해 충분히 이해한 뒤에 왔으면 좋겠습니다.

내 편지를 받은 담임 선생님은 상담을 하시는 등 준이에게 관심을 많이 쏟아주셨다. 그 덕분에 준이는 친구와의 갈등을 극복하고 전학 오겠다는 마음도 접게 되었다.

그로부터 한 달 만에 생일파티를 해주러 친구 방에 들어갔다가 벌점 3점을 받고 퇴사 당하게 된 것이었다. 기숙사에서 쫓겨난 학생은 학교 앞 아파트에서 하숙을 해야 했다. 준이는 하숙집을 찾아 월세 계약을 하고 짐을 옮겨야 하는 등 복잡한 상황이 되자 집 근처로 전학 오는 것에 대해 다시 진지하게 고민하게 되었다.

그러던 차에 집 근처 인문계 고등학교에 다니던 제자를 만났다. 자립형 공립고에 다니던 여학생이었는데, 수업 분위기가 좋다며 매우 만족해하고 있었다. 그 학교에 전화를 걸어 교무 부장님과 전학 문제를 의논했다. 아들의 상황을 전해 들은 그는 흔쾌히 받아주겠다고 했다.

나는 아들의 퇴사나 전학에 대해 그리 괘념치 않았다. 퇴사나 전학을 추락이 아니라 여정이라고 생각했다. 특목고에서의 방황도 긴 인생길에서 소중한 경험을 얻는 시간이라고 믿었다. 실제로 중학교 때까지 자신보다 탁월한 친구를 거의 보지 못했던 준이에게는 다소 오만한 면이 있었다. 그런 아이가 '자만의 생각 덩어리'를 깰 기회를 얻었으니 그것만으로도 충분히 값진 배움이라 할 수 있었다. 나는 아들에게 그런 마음을 전하고 '네가 전학 올 수 있는 학교도 알아보았으니 스스로 잘 결정하라'고 말해주었다.

며칠 뒤, 아들로부터 이런 대답이 돌아왔다.

다시 서울로 돌아가면, 중학교 친구들 앞에서 너무 자존심이 상할 것 같아요 힘들어도 계속 다녀볼게요

아내와 나는 아들의 결정을 존중했다. 11월의 첫날, 기숙사로 내려가 아들의 짐을 미리 계약해둔 하숙집으로 옮겨주었다. 하숙집 주인은 매일 새벽기도를 나가는 마음씨 좋은 권사님이셨다. 아들은 그분의 따뜻한 보살핌을 받으며 남은 두 달 동안 학교생활을 잘하다가 겨울방학 때 집으로 돌아왔다.

부담 갖지 말라는
부담스러운 이야기
꾸준히 성적이 떨어지기는 했지만, 준이는 2, 3학년을 대단히 즐겁게 보냈다. 시간은 빠르게 흘렀고, 드디어 운명의 수학능력시험일이 다가왔다.

수능 날 새벽, 아내가 흔들어 깨우는 바람에 나는 계획보다 일찍 일어나야 했다. 원래는 푹 자고 난 뒤 느긋하게 전주로 떠나려 했으나 아내의 성화에 계획을 접고 거실로 끌려나갔다. 졸린 눈을 비비며 나가 보니, 장인이 짐짓 결연한 표정으로 뭔가를 기다리고 있었다.

"준이야, 할아버지가 기도해주실 거야. 잠시만……"

아내에게 핸드폰을 건네받은 장인은 목사님처럼 엄숙하게 눈을 감더니, 잠시 뜸을 들인 후 비장한 목소리로 기도를 시작했다.

"아버지, 하나님! 오늘 사랑하는 손자 준이가 수능시험을 봅니다. 이 아들을 위해서 그동안 많은 교인들과 가족들이 기도를 했습니다. 오늘 문제들이 잘 해결되는 역사를 이루어주시길 기도드립니다. ○○대학교 수학과를 목표로 하고 있습니다. 하나님, 믿습니다. 믿~습니다, 아멘!"

떨리는 확신으로 점점 더 커져가던 장인의 목소리에서는 어느 순간 광신적인 기운마저 느껴지는 듯했다. 아내가 핸드폰을 건네받아 이렇게 말할 때, 나는 입가에서 지어지는 웃음을 참을 수가 없었다.

"준이야, 긴장하지 말고 시험 편하게 잘 봐. 부담 갖지 말고."

아내는 아들의 수능 일을 한 달여 앞둔 시점부터 집 근처 교회로 새벽기도를 다니기 시작했다. 자사고에 합격했던 중3 때까지만 해도 스카이는 쉽게 갈 거라고 예상했던 아들이었다. 그러나 고1 때 아들의 성적은 평범하기 그지없었다. 고2때는 그보다 더 떨어졌고, 고3 9월 모의고사 때는 충격적인 점수로 가족들을 멘붕에 빠트리기도 했다. 그 모의고사의 충격으로 이어진 것이 아내의 새벽기도였다. 아내에게도 내게도 피곤한 나날이 이어졌다. 무거운 몸으로 학교와 집을 오가던 아내는 몇 주 뒤 양쪽 '팔꿈치 엘보'라는 병을 얻었고, 대부분의 가사 일을 내게로 떠넘기기에 이르렀다.

아들의 수능 성적을 위해 불철주야 기도하던 아내가 수능을 3일 앞두고 내게 이렇게 말했다.

"오늘 교회에서 새벽기도를 하다가 문득 이런 의문이 들었어. '이렇게 많은 사람들이 우리나라 고3들 성적을 위해서 기도하고 있는데, 하나님은 누구의 기도를 들어주셔야 하나' 하는……."

내가 오랜만에 아내에게 미소를 지어 보이며 말했다.

"그렇지? 그러니까 하나님께 이렇게 기도해야 하지 않을까? '우리 아들이 자신의 점수를 잘 받아들일 수 있게 해주세요'라고."

그렇게 잠시 깨달음의 경지에 이르렀던 아내가 수능일이 되자 원래의 모습으로 돌아가 버린 것이었다. 새벽에 아들에게 전화를 걸어 할아버지의 무거운 기도를 듣게 함으로써 부담을 안겨주고 말았다. 거기에다 "부담 갖지 말라"는 말로 더 무거운 부담을 얹어주었던 것이다. 아들의 수능 성적을 위해 수십 일간 기도한 정성이 아내의 가슴 속에서 '정당한 대가'를 요구했던 것인지도 몰랐다.

아내와 나는 따사로운 햇살을 받으며 쭉 뻗은 고속도로를 달려 예상보다 훨씬 이른 시간에 목적지에 도착했다. 아들이 시험을 보고 있던 고등학교 앞에 주차한 우리는 카페에 들어가 수능이 끝나기를 기다렸다.

한 시간쯤 지났을 무렵이었다. 지치고 홀가분해진 얼굴의 수험생들이 부모님들과 거리로 나오는 모습이 보였다. 잠시 뒤, 교문 앞에 나가 있던 아내가 용케 아들을 찾아내 카페로 데리고 왔다. 나는 아들을 한 번 안아 준 뒤, 이런 말을 들려주었다.

"고생했다. 법륜스님이 하신 말인데, 이미 이루어진 일은 다 잘된 일이라고 해. 괜찮은 말이지?"

지친 얼굴로 고개를 끄덕이고 난 아들이 말했다.

"아, 배고파. 학교 식당에서 도시락을 싸줬는데 양이 너무 적었어요."

3, 4교시에 졸음이 오면 안 되니까 양을 적게 싸준 모양이었다. 아들을 근처 식당으로 데리고 가 삼겹살과 양념갈비를 먹였다.

"국어는 하나 틀린 거 같아요. 수학은 어려운 문제가 딱 3개 나왔는데, 그걸 다 틀려서 2등급이 될 거 같아요. 영어 하고 과학은 이따가 답을 맞춰봐야 알겠지만, 생각보다 점수가 안 나올 것 같아요."

아들은 조금 풀이 죽은 모습이었지만, 고기를 맛있게 먹고 난 뒤 담담한 표정으로 기숙사로 돌아갔다. 아내와 나는 어두워진 고속도로를 달려 다시 집으로 돌아왔다.

그날 저녁, 아들로부터 '국어가 97점이고 수학이 88점'이라는 문자가 왔다. 그 후부터는 감감무소식이었다. 그날 밤 영어와 과학 점수를 물었던 아내의 문자는 끝내 답신을 받지 못했다.

일촉즉발! 엄마의 막간 해프닝이 준 깨달음

다음 날, 학교에서 아내로부터 온 문자를 받았다. 준이의 영어 성적은 4등급이고 과학이 3등급이라는 내용이었다. 나는 '이미 이루어진 일은 모두 잘된 일이다'라고 아들에게 말했던 아버지였다. 그렇게 멋진 말을 들려줬음에도 아들의 저조한 성적을 받아들이는 일이 쉽지만은 않았다. 아비가 이럴진대 어미의 심정이 어떨지 생각하니 마음이 착잡해졌다. 아내가 어떻게 마음을 추스를지 적잖이 걱정되었다.

며칠 뒤, 준이가 집에 오기로 한 날이었다. 공교롭게도 그날 나는 부서 회식이 있었다. 법륜스님의 '말씀'으로 마음을 어느 정도 내려놓은 나는 동료들과 즐거운 담소를 나누고 있었다. 그러다가 아내로부터 걱정스러운 전화를 받았다.

"준이가 강남터미널로 여섯 시쯤에 오고 싶다고 했는데, 아버지가 회식이 있으니까 광명터미널로 아홉 시쯤에 오라고 했거든. 전화를 끊은 다음에 준이가 좀 섭섭해 했던 것 같아서 다시 강남터미널로 오라고 문자를 보냈어. 근데 답신도 없고 전화도 받지 않는 거야. 여보, 준이한테 무슨 일 있는 거 아니겠지?"

내가 대수롭지 않은 목소리로 아내에게 말했다.

"걱정 마. 광명으로 오는 고속버스 타기 전에 준이가 문자 보낼 거야."

나는 여덟 시쯤 회식을 마치고 집으로 돌아왔다. 거실에 앉아 있던 아내의 얼굴이 흙빛처럼 어두웠다.

"여보, 준이가 여섯 시간 째 연락이 없어! 애가 오늘 왜 이러지? 지금쯤 고속버스에 탔을 시간인데 왜 연락이 없는 거야……."

아내는 "아까 통화할 때 서운한 말을 한 것도 아니었는데 준이가 왜 이러는지 모르겠다"며 울상을 지었다. 내 가슴속에서도 서서히 불안감이 차오르는 게 느껴졌다. 나 역시 아들에게 전화를 걸어보고 문자도 보내봤지만 감감무소식이었다.

아내는 아들이 수능점수에 낙담하여 잘못된 선택을 하려는 게 아닌지

의심하기 시작했다. 그러더니 급기야 울음을 터트릴 지경에 이르렀다. 답답해진 내가 담임 선생님에게 전화를 걸었다. 선생님은 준이가 오전에 진학 상담을 했을 때 성적을 비관하는 낌새 같은 건 전혀 없었다며 나를 안심시켰다. 아마도 고속버스에서 자고 있을 거라는 그의 말을 듣고 다소 안도하며 전화를 끊었다.

그러나 나는 곧 기숙사로 전화를 걸어야 했다. 절망감에 사로잡힌 아내가 신음소리를 내며 흐느끼고 있었기 때문이다. 기숙사 사감 선생님에게 확인하니, "어제부터 외박으로 돼 있다"는 대답이 돌아왔다. 혹시 기숙사 방에서 자고 있을지 모르니 한 번 확인해 달라는 부탁을 할까 했던 나는 그 말을 꿀꺽 삼켰다. 그의 목소리가 너무도 태평스러웠기 때문이다.

"아, 준이야!"

아내의 흐느낌 섞인 걱정이 이어졌다.

"어떡해, 여보. 우리 아들 어떻게 된 거 아니겠지?"

"에이, 당신도! 준이가 이런 일로 그럴 아이가 아닌 거 잘 알잖아?"

아내는 고개를 끄덕이면서도 공황 상태로 변해가고 있었다. 아내의 상상력은 기관차처럼 폭주하고 있는 듯했다. 그 속도를 멈춰줄 필요가 있었다.

"어느 심리학자가 한 말인데, 자식은 언젠가 한 번은 반드시 부모 속을 썩인대. 준이가 그동안 우리 속 썩인 적이 없었잖아. 지금이 그때라고 생각해. 아까 준이가 당신하고 통화했을 때 좀 섭섭했었나 보네."

나는 아내를 달래주다가 어느덧 소설을 쓰고 있었다.

"자식이 삐친 거야. 낮은 성적 때문에 자포자기 하고 싶었지만 꾹꾹 참고 있었는데, 엄마가 자신을 배려해주지 않는다고 느낀 순간 푹 쓰러져버린 거지. 지금쯤 피시방에서 게임하고 있거나, 어딘가에서 늘어지게 자고 있을걸?"

내 소설은 아내를 그리 설득시키지 못한 모양이었다. 아내의 표정은 점점 더 어두워졌다.

어느덧 딸을 데리러 갈 시간이었다. S생활과학고로 차를 몰고 가 진이를 데리고 오다가 아내의 전화를 받았다. 준이 녀석이 기숙사 방에서 잠에 빠져들었다가, 겨우 깨서 부랴부랴 고속버스를 타고 오는 중이라고 했다.

자정이 다 된 시각, 나는 다시 아들을 데리러 강남고속버스터미널로 차를 몰았다. 전화로 어머니한테 된통 혼난 녀석은 빼빼로 한 상자를 손에 들고 나타났다. 아들을 데리고 집에 도착해보니 새벽 1시 반이 넘은 시각이었다. 그날의 해프닝은 어머니와 아들의 감격적인 상봉으로 마무리되었다.

웃지 못할 그 해프닝은 나름의 의미가 있었다. 아들의 점수에 대해 아내가 마음을 비우는 데 적지 않은 역할을 했기 때문이다.

진심에서 우러나온 큰 바위 얼굴　다음 날 저녁, 조촐한 수능기념 와인 파티를 했다. 와인을 한 모금 마시고 난 준이가 잔을 내려놓으며 말했다.

"수능 본 날, 친구가 부모님께 전화를 걸어서 점수를 알려드렸는데, 부모님이 '수고했다'는 말은 한마디도 없이 '서울로 올라와서 논술 준비하라'고 하셨대. 그래서 친구가 핸드폰을 집어던져서 망가뜨렸대. 걘 나보다 시험성적도 더 좋았는데……"

아들의 말에는 부모에 대해 고마워하는 마음이 제법 묻어있었다.

"성적이 너무 안 나와서 재수를 해야 할 것 같다는 생각이 들어. 근데 나는 내가 뭘 좋아하고 뭘 잘하는지 모르겠어."

아들이 재수를 선택하기를 은근히 바라는 눈치였던 아내의 표정이 밝아졌다. 내가 아들에게 말했다.

"그건 당연한 거야. 해보지 않고서 자신이 그걸 잘하는지 알 수 있는 사람은 없으니까."

발그레해진 얼굴로 아내가 말했다.

"준이야, 3년 동안 혼자 공부하느라고 고생 많았어. 이렇게 우리 아들을 보니까 엄마는 참 좋다."

언뜻 쳐다본 아내의 얼굴이 '큰 바위 얼굴'처럼 보였다. 아내가 와인 잔을 들어 올리며 내게 말했다.

"자, 아버지도 아들에게 한 마디 해줘."

와인 잔을 들어 건배하며 내가 말했다.

"그래. 수능 날도 준이한테 한 말인데 한 번 더 해줄게. '이미 이루어진 일은 모두 잘된 일이다!'"

그날 저녁, 우리 가족은 '아들의 위기'를 통해 더 화목하고 돈독해졌다. 적어도 그때까지만 해도 나는 이 정도면 큰 바위 얼굴 엄마, 큰 바위 얼굴 아빠 역할을 잘 수행하고 있는 줄로만 알았다.

상처와 시련에도
우리의 홈드라마는 계속된다

　다음 날이었던 일요일, 나는 아내와 감정적으로 크게 충돌하는 실수를 하고 말았다. 아들은 M대 수시 논술 시험을 본 후 기숙사로 돌아가기로 하고 아침 일찍 떠났다. 우리 부부는 여느 때처럼 딸과 함께 교회에 가서 성가대 연습을 하기 위해 2층 연습실로 들어갔다.

　성가 연습을 막 시작할 즈음이었다. 같은 학교에서 함께 근무한 적이 있는 박 선배가 "준이가 어떻게 됐느냐"고 물어 왔다.

　"지금 B대 가서 수시 논술시험 보고 있어요. 점수가 너무 낮아서 가능성은 별로 없는데, 일단 응시를 해보는 거예요. 영어가 3등급이고 과학이 4등급 나왔어요."

　그 말이 끝낸 순간이었다. 바로 앞줄에 앉아 있던 아내가 뒤를 돌아보며 성을 버럭 냈다.

　"지금 애 점수를 왜 말하는 거야? 당신 정신이 있어?"

아내의 목소리는 맨 앞에 있던 지휘자에게 들릴 정도로 크고 신경질적이었다. 가슴속에 꾹꾹 눌러 담아뒀던 감정이 터져 나온 듯했다. 그걸 알아차리기는 했지만, 갑작스럽게 공격받고 가만히 있는 것도 어색한 상황이었다. 나는 아내의 공격을 되받아쳤다.

"뭐가 어때서? 당신이나 아들 점수를 그대로 받아들이세요. 마음 내려놓고!"

"그건 다른 거지. 도대체 준이 점수를 왜 말하냐고!"

아내의 얼굴은 원망과 노여움으로 불타오르고 있었다. 박 선배는 어쩔 줄 몰라 하는 표정으로 입을 다물고 있었다. 그때 지휘자가 분위기를 수습하려고 급히 끼어들었다.

"공 집사님, 박 선생님하고 상담해봐. 입시에 전문가이셔."

그 말을 받아 박 선배가 입맛을 다시며 말했다.

"점수가 좀 애매한데……."

그쯤에서 돌발적인 상황이 종료됐고, 성가대 연습이 시작되었다. 나는 황당함과 어색함으로 뒤범벅된 감정을 안은 채로 그날의 성가곡을 불러야 했다.

예배 시간 내내 성가대 연습실에서의 우습지도 않았던 충돌이 자꾸 떠올랐다. 나는 아내가 아들의 수능 점수로 인해 얼마나 큰 충격을 입었는지 그동안 알아차리지 못한 것이었다. 심한 내상에도 불구하고 아들 앞에서 마음을 추스르기 위해 무던히도 애썼던 아내의 모습이 안쓰러워졌다.

예배를 마친 뒤, 아내와 함께 주차장으로 걸어갔다. 함께 딸을 데리러 갈 예정이었다. 아내는 벌레를 씹은 듯한 얼굴로 말이 없었다. 차에 앉자마자 아내가 분이 삭지 않은 얼굴로 나를 다그쳤다.

"당신이 제정신이야? 아들 자존심은 생각도 안 해?"

아내의 눈빛에는 경멸이 담겨 있었다.

"세상에 수능점수를 그렇게 떠벌이는 부모가 어디 있어?"

아내의 분기탱천한 목소리에 나도 결국 폭발하고 말았다.

"그게 뭐가 어때서? 있는 그대로 말했는데, 그게 그렇게 창피했어?"

"누가 창피하대? 아들 자존심은 지켜줘야지!"

"우리 교회 다니지 말자. 교회에 안 왔으면 이런 싸움도 없었을 거 아니야."

체념과 경멸이 뒤섞인 목소리로 내가 말을 이었다.

"우리 가족, 어제까지만 해도 아들의 위기를 계기로 더 화목해졌잖아. 아까 내가 한 말 때문에 아무리 속이 상했어도 그렇지, 사람들 많은 데서 왜 그렇게 화를 내? 내가 뭐가 되냐구? 그래도 아들 성적 때문에 속상했지만 의연하게 참았구나 하면서 이해하고 넘어가려고 했어. 근데 왜 또 속을 긁어? 교인들한테 아들 성적 말한 게 그렇게 창피한데, 교회는 뭐하러 다녀? 그런 일로 싸우게 되는 교회를 왜 다니느냐고?"

"지금 내가 잘못했다는 거야? 내 잘못이라는 말이지?"

나의 폭탄선언을 들은 아내는 패닉상태가 된 듯했다. 갑자기 걷잡을 수 없는 분노가 치밀어 올랐다. 아내의 신경질과 한 달 동안의 새벽예배, 그리고 아들의 성적까지 그 모든 것에 대한 분노였는지 몰랐다.

"당신 집에 가! 당신이 진이 데려다 줄 거면 내가 갈게. 안 갈 거지? 그럼 빨리 내려! 꼴도 보기 싫어."

나는 연기가 아닌 '연기'를 하고 있었다. 감정적 홍수 상태가 되었으니 제대로된 연기가 나올 리 없었다. 아내는 여전히 분노로 가득 찼지만, 당황스러움이 더 큰 표정으로 차에서 내렸다. 그러고는 씩씩거리며 걸어가 버렸다.

사라져 버린 엄마 홀로 딸을 데리고 집에 도착해보니, 아내가 보이지 않았다. 나는 휑하게 비어 있는 집을 뒤로하고 오후 내내 카페에서 책을 읽다가 식당에서 저녁을 먹고 다시 카페로 돌아가 독서를 계속했다.

그런데 아홉 시쯤, 진이에게서 울음 섞인 전화가 왔다.

"아빠! 엄마 어디 갔어? 엄마가 전화도 안 받고, 문자도 안 받아. 아빠 엄마 좀 찾아줘, 흐엉……."

가슴으로 무언가 훅 들어오는 게 느껴졌다. 사는 동안 몇 번 마주치지 않은 불길한 예감이었다.

"진이야, 엄마 조금 있다가 들어 올 거야. 아빠가 지금 갈 테니까 기다리고 있어."

나는 급히 집으로 향했다. 열 시가 다 돼가는 시각이었음에도 아내의 모습은 보이지 않았다. 나는 보이지 않는 아내에게 더 화가 났다. 아내는 아들에게 터트리지 못한 감정까지 더해서 나에게 폭발시키고 있는 것이었다.

어쨌든 아내를 기다려야 했고, 기다릴 수밖에 없었다. 천천히 설거지를 하고 느리게 빨래를 개서 정리했다. 다음 날 아침밥을 압력밥솥에 예약해놓을 때까지도 현관문은 열리지 않았다. 시계는 열한 시 반을 가리키고 있었다.

　열두 시쯤 되었을 때, 나는 될 대로 되라는 마음으로 먼저 잠을 청했다. 30분쯤 지났을까? 딸이 울면서 안방으로 들이닥쳤다.

　"아빠! 빨리 엄마 좀 찾아줘. 엄마가 사라져 주겠대. 아빠 빨리……."

　눈을 비비고 일어나 딸 핸드폰의 문자를 확인했다. 엄마가 사라져 줄 테니까 찾지 말라는 내용이었다. 그 글을 본 순간, 참을 수 없는 분노가 치밀어 올랐다.

　"정말! 뭐 이런 인간이 있어? 아무리 화가 나도 그렇지 딸한테 이런 문자를 보내는 엄마가 어디 있느냐고?"

　진이가 울면서 내게 통사정을 했다.

　"아빠, 제발 화내지 말고. 엄마 좀 찾아줘."

　진이는 고아처럼 서럽게 울음을 터트렸다. 그런 모습을 볼수록 아내에 대한 분노가 더 타올랐다. 무작정 점퍼를 챙겨 입었다. 딸을 위해서 뭐라도 해야 했기 때문이었다.

　"아빠가 차로 집 주변 돌아다니면서 엄마 찾아볼게. 엄마 들어오면 전화해."

　집을 나와 무턱대고 주차장으로 걸어갔다. 그런데 차가 보이지 않았다. 여분의 키를 갖고 있던 아내가 몰고 나간 모양이었다. 집으로 왔다가, 다시 차를 가지고 나갔다는 말이었다. 지하주차장을 돌아다니며 차를 더 찾아보았으나 어느 곳에도 보이지 않았다. 딸에게 문자가 왔다.

　아빠, 엄마가 아빠가 '꼴도 보기 싫다'고 하신 말 때문에 안 오시는 거 같아요 제발, 엄마 보면 화내지 말고 위로해주세요, 아셨죠?

아내의 꿈수가 환히 보였다. 딸을 볼모로 나의 항복을 받아내려는 수작이었다. 빤한 수작이었지만, 딸에게 너무도 약한 아버지였기에 일단 항복을 선언하는 수밖에 없었다. 아내에게 '무조건 잘못했으니 집에만 돌아오라'는 문자를 보낸 뒤, 주차장을 나와 아파트 밖으로 걸어나갔다.

아내가 집 근처에 차를 세워놓고 고민에 빠져 있을지 모른다는 생각이 들었다. 여기저기 헤매다녔지만 좀처럼 차의 모습은 보이지 않았다. 이십 분쯤 지났을 때, 눈에 익은 차가 내 옆을 지나쳐 가는 게 보였다. 아주 느린 속도로 오르막길을 오르는 것은 우리 차가 분명해 보였다. 곧 차가 아파트 입구에서 멈춰 섰다. 빠른 걸음으로 차를 뒤쫓았다. 운전석으로 다가가 창문을 두드리며 내가 말했다.

"여보, 문 열어봐."

아내가 나를 뜨악하다는 듯한 표정으로 쳐다보았다. 나는 일단 주머니에서 키를 꺼내 차 문을 열었다.

"여보, 내가 무조건 잘못했으니까, 일단 내려 봐."

아내는 꿈쩍도 않은 채 움직이지 않았다. 차 문을 열고 아내의 팔을 덥석 잡았다. 그리고는 다짜고짜 아내를 차에서 끌어 내렸다. 아내가 못 이기는 체하며 차에서 내렸다. 나는 아내를 뒷좌석에 태운 뒤 차를 몰고 집으로 향했다. 운전하면서 딸에게 전화를 걸어 엄마랑 집에 가고 있다고 말해주었다. 길고 추운 밤이었다.

딸은 집으로 돌아온 엄마와 길게 포옹하며 펑펑 울었다. 포옹을 풀고 난 아내가 내게 말했다.

"당신도 아까 제정신이 아니었던 거지? 준이 점수 얘기했을 때?"

이미 져주기로 한 이상, 그 말에 수긍할 수밖에 없었다.

"그래, 아마 그랬나 봐."

"당신은 아버지라서 잘 모르겠지만, 자식을 뱃속에 키워본 나는 달라. 준이가 지금 얼마나 힘들지 생각만 하면 가슴이 미어진다고."

"그래, 긴 얘기는 다음에 하고……. 시간이 너무 늦었으니 오늘은 이만 자도록 하자."

잠시 뒤, 우리 세 가족은 잠자리에 들었다. 새벽 한 시가 넘은 시간이었다. 긴박했고 어처구니없었던 아내의 가출 소동은 그렇게 마무리되었다.

아내는 진이와 함께 잤다. 안방 침대에 홀로 누우니 좀처럼 잠이 오지 않았다. 생각들이 꼬리를 물고 이어졌다. 박 선배가 준이의 성적에 대해 물었을 때, 내 마음은 무의식에 있던 실망감을 드러낸 것인지도 몰랐다. 중학교 때의 실력에 비해 형편없이 낮은 준이의 수능 점수에 대해 털끝만큼이라도 실망감이 있었을 터였다. 그것이 순간적으로 툭 튀어나온 것인지도 몰랐다. 천만다행이었던 건, 진이가 엄마의 가출을 기숙사로 돌아갔던 오빠에게 알리려다가 참았다는 사실이었다.

엄마의 큰바위 얼굴에 금이 가버린 이유

몇 주 뒤, 준이로부터 정확한 수능 성적이 전해졌다. 우려했던 것보다 조금 더 낮은 점수였다. 토요일이었던 다음 날, 준이가 기숙사에서 집으로 다시 이사를 왔다. 더는 기숙사로 내려갈 일은 없을 터였다. 그날 우리 부부는 아들과 집 근처 카페에서 많은 대화를 나눴다.

나는 아들에게 남들이 다 가는 학과 말고 '블루 오션'인 학과로 가는 게 좋겠다고 권했다. 아들의 점수에 맞춰 찾아낸 학과는 간호학과와 물리치료학과였다. 준이가 달관한 듯 씁쓸한 웃음을 지으며 말했다.

"그동안 수능준비만 해왔기 때문에, 내가 무슨 학과에 흥미가 있고 재능이 있는지 생각해볼 시간이 없었어요. 물리치료학과가 좀 끌리긴 하네요. 간호학과도 여학생들이 많아서 좋을 것 같긴 한데, 물리치료보다는……."

아들은 다행스럽게도 '점수가 조금 낮아도 희귀성이 있는 학과에 가는 게 좋겠다'는 부모의 의견에 공감해주었다. 그날의 가족회의는 시종 훈훈하게 이어졌다. 아들의 '기대 이하의 수능 성적'은 우리 가족에게 위기라면 위기랄 수도 있었다. 하지만 우리 가족은 그 일을 계기로 더 끈끈한 가족애를 느끼게 되었다.

며칠 뒤, 단골 카페에서 자주 대화하곤 했던 동네 의원 원장님과 마주쳤다. 평소처럼 이런저런 이야기를 나누다 자연스럽게 아들의 대입 지원으로 대화가 이어졌다. 물리치료학과를 고려하고 있다는 말을 듣고 난 원장님이 내게 말했다.

"마침 한 달 전에 저희 의원으로 물리치료사가 왔어요. 아드님이랑 함께 오셔서 한 번 상담을 받아보시는 게 어떨까요?"

이게 웬 떡이란 말인가! 나는 다음 날 바로 아들과 함께 의원을 방문했다. 새로 온 물리치료사는 D대학을 졸업한 30대 초반의 여성이었다. 그날 아들과 나는 그녀로부터 매우 유용한 정보를 얻었다. 4년제 물리치료학과는 100% 취업이 보장된다는 것, A대나 B대 물리치료학과를 나오면 의원 취업은 물론 대학 병원 취직이나 외국 유학 등 진로의 폭이 꽤 다양하다는 것, 점수는 A대가 높지만 실제적으로는 B대 지방 캠퍼스가 물리치료학과의 선두 주자라는 것 등이었다. B대의 서울 캠퍼스에는 물리치료학과가 없었다. 공교롭게도 아들의 성적은 A대에는 조금 못 미쳤고 B대에는 많이 남는 점수였다. 자신의 점수보다 10점 이상 낮은 B대에 가길 꺼렸던 아들은 물리치료사와 대화 후 B대 지방캠퍼스도 갈 만하다고 판단한 듯했다.

아들은 결국 B대 물리치료학과에 장학금을 받고 합격했다. 일이 되려고 그랬는지, 합격하고 보니 B대 지방캠퍼스 의대에 든든한 후원자가 있었다. 10년 전 아들의 주일학교 선생님이었던 정 선생님이 의대 교수로 있었던 것이다. 정 교수님은 물리치료학과를 졸업하고 미국에서 생리학을 전공한 뒤, 의대 교수로 임용돼 있었다.

우리 부부가 아들의 짐을 기숙사로 옮겨주던 날, 정 교수님과 만나 점심을 먹었다. 그는 10년 전과 달라진 것이 하나도 없었다. 오히려 더 겸손하고 너그러운 인격으로 성숙한 듯 보였다. 자상한 멘토까지 얻은 아들은 미소를 지어 보였다.

아들의 수능 점수에 대한 미련이 남아 있었던 아내는 두어 번 아들에게 재수를 권하기도 했었다. 하지만 내 생각은 달랐다. 신영복 선생님은《나의 동양고전독법》에서 주역의 득위得位에 대해 이렇게 말하셨다.

"자신에게 가장 알맞은 자리는 자기 능력의 70%로 감당할 수 있는 자리이다. 나머지 30%로는 인간관계를 맺고 창의성을 발휘하는 데 사용할 수 있어야 하기 때문이다."

내 생각에 아들의 물리치료학과 선택은 득위에 가까운 것 같다. 어느덧 2학년이 된 아들은 자존감을 갖고 즐겁게 학교생활을 하고 있다. 아무려면 어떤가? 법륜 스님의 말처럼 이미 이루어진 일은 다 잘된 일인 것을.

'큰 바위 얼굴'을 직접 보지는 못했지만, 가까이 가서 본다면 얼굴에 많은 금이 있을 거라는 것은 쉽게 예상할 수 있다. 상처투성이 바위의 얼굴일 테니 말이다. 아내와 내가 준이에게 보여준 얼굴도 그와 같았다. 처절한 부부싸움으로 만신창이가 된 후에야 우리 부부는 아들에게 진정한 큰 바위 얼굴을 보여줄 수 있었다.

이제 나는 다시 말해야 할 것 같다. 큰 바위 얼굴의 사랑이 차가운 사랑만은 아니라고. 그것은 뜨거우면서 차가운 사랑, 뜨거움과 차가움을 함께 품은 사랑에 가깝다고. 그래야만 '내 아이에게 이미 일어난 일이 다 잘된 일이라고 여길 수 있는 경지까지 나아갈 수 있기 때문이다.

연기자 엄마는 새로운 현실을 창조한다

엄마의 연기에는 일관성이 있어야 한다. 엄마라는 배역은 아이에게 예측 가능한 캐릭터여야 하기 때문이다. 인간의 뇌는 예측 불가능성에 가장 취약하며, 예측할 수 없는 상황에서 가장 심한 스트레스를 받는다고 한다. 어린 아이일수록 엄마의 예측 불가능한 연기에 심한 상처를 받게 된다. 아이는 엄마의 감정에 절대적으로 영향을 받는 존재이기 때문이다. 엄마가 낮고 부정적인 의식 수준에 머물러있다면, 아이의 마음이 엄마의 부정적 감정에 그대로 전염되고 있다고 봐야 한다.

따라서 엄마의 예측 불가능한 감정 연기만큼 아이를 고통스럽게 만드는 것은 없다. 하지만 그것은 엄마가 '원 부모'로부터 물려받은 부정적 의식이기도 하다. 그 부정적 의식은 세대와 세대를 통해서 이어진다. 누군가는 그 고리를 끊어줄 사람이 필요하다. 나는 감히 단언한다. '자신이 엄마이면서 엄마의 배역을 연기하고 있다'는 것을 자각하고 있는 엄마는 그것이 가능하다고. '연기를 할 줄' 아는 엄마는 부정성의 고리를 끊게 될 것이라고.

아내는 아들에게 물리치료과를 찾아주긴 했지만, 아내가 원했던 것은 아들이 재수를 하는 것이었다. 그래서 준이와 진로를 의논할 때마다 넌지시 "재수를 해보는 게 어떠냐"고 권하곤 했다. 무의식 깊은 곳에서 아들의 수능 점수를 받아들이지 못하고 있었던 것이다. 하지만 아들에게는 재수할 의지가 없었다. 준이는 엄마가 그렇게 권할 때마다 "수능 한두 문제를 더 맞히기 위해서 다시 일 년간 공부할 자신이 없다"고 대답했다.

아내는 결국 준이의 생각을 받아들이고 '아들이 훨훨 날아가도록 놓아주는' 엄마 역을 연기하기로 마음먹었다. 마음으로는 받아들이기 힘들었지만, 수용의 연기를 해준 것이었다. 또한 큰 바위 얼굴의 뜨거우면서 차가운 사랑을 흉내 낸 것이기도 했다.

아이가 자신의 인생 드라마에서 꿈꾸고 있을 엄마의 배역을 한 번 상상해보자. 물론 아이가 원하는 배역을 그대로 다 연기해줄 수는 없다. 또한 그래서도 안 된다고 생각한다. 그런 연기는 아이의 드라마에 그리 도움이 되지 않을 것이기 때문이다.

그러나 아이가 그리고 있는 핵심 캐릭터 한두 개 정도는 연기해줄 수 있을 것 같다. 자녀교육 전문가들은 아이가 엄마에게 가장 원하는 것이 "감정을 무시당하지 않는 것"과 "의미 있는 존재로 인정받는 것"이라고 말한다. 이 정도는 해줄 수 있지 않을까? 나와 상담을 했던 어머니들도 대부분 아이가 이 두 가지를 원한다는 사실을 알고 있었다. 그 어머니들은 그걸 알면서도 그렇게 해주는 게 너무 어렵다고 하소연했다.

이제 당신은 한 가지 방법을 알고 있다. 그렇게 연기해주는 것이다. 아이의 감정을 받아들이는 역을 연기하는 것이며, 아이를 존재 자체로 인정해주는 역을 연기하는 것이다.

그렇게 마음을 다잡고 연기하다가도 '욱' 하는 감정(감정적 홍수 상태)에 빠져서 엄마의 배역을 잃어버릴 때가 올 것이다. 그럴 땐 다시 연기자 엄마로 되돌아오면 된다. 그러면 아이와 충돌하게 된 장면이 '유일한 현실'이 아니라는 사실을 자각하게 될 것이다. 인생 드라마의 무수한 대본 중 하나일 뿐이라는 것을 알아차리게 될 것이다. 그런 '알아차림'이 반복되다 보면 어떤 감정적 홍수가 밀려올지라도, 감독으로부터 "컷!"을 들은 배우처럼 그 감정에서 쉽게 빠져 나오게 될 것이다. 그러면서 자신도 모르게 점점 큰 바위 얼굴을 닮아갈 것이다.

좋은 엄마를 연기하라

정신의학자 폴 트루니에Paul Tournier는 책《인간이란 무엇인가》에서 '등장인물'이라는 개념으로 연기적 자아를 설명한다. 그는 "인간은 대개 기계적인 연기를 하는 '등장인물'로 세상을 살아간다"고 말한다.

트루니에는 우리가 등장인물의 가면을 벗어버리고 진정한 인간이 되게 하는 것이 '실제 인간'이라고 주장한다. 그는 또한 '실제 인간'은 삶 속에서 '희미하게 번뜩이는 빛'처럼 드물게 나타난다고 말한다.

트루니에는 인간의 삶을 오케스트라 연주로 비유하기도 한다. 노래를 연주하는 단원들은 '등장인물'에 해당되고, 단원들을 이끄는 지휘자는 '실제 인간'에 해당된다. 지휘자가 악보대로 단원들을 지휘해서 작품을 연주하는 것처럼, 실제 인간이 시나리오대로 등장인물들에게 연기를 시켜서 인생 드라마를 연출한다는 것이다.

우리는 '나인 척' 연기하는 삶을 살고 있다 사회학자 어빙 고프먼Erving Goffman은 "무대 연기와 진짜 삶 사이의 선은 놀랄 만큼 가늘다"라고 말했다. 인생 자체가 '극적으로 연기되는 것'이기 때문이라고 그는 말한다. 어빙에 따르면 "우리는 자신이 연기를 하고 있다는 사실을 반쯤은 잊고 있는(어렴풋이 인식하고 있는) 배우들"이다.

극작가 앨런 베넷Alan Bennett은 "너 자신이 되라"는 말은 인간에게 매우 당혹스러운 명령이라고 말한다. 왜냐하면 우리는 '내가 누구인지' 알 수 없는 존재들이기 때문이다. 따라서 우리는 그저 '내 자신인 척' 연기하며 살 수 있을 뿐이다. 우리는 다른 사람들도 우리를 위해 연기하고 있다는 것을 알지만, 동시에 그런 연기를 실재라고 받아들이기도 한다. 그렇게 살고 있는 것이다.

하지만 실망하지 말자. 인간에게는 연기에 몰입하고 연기하는 걸 즐기는 '연기본능'이 있다고 하지 않는가. 우리의 인생이 그때그때 주어진 상황에 맞는 연기를 하는 즉흥극에 가깝다면, 즐겁게 즉흥 연기를 하는 게 가장 현명한 일일 것이다. 이때 동의와 수용의 자세를 잊지 않아야 하겠다. 큰 바위 얼굴을 연기할 수 있다면 더욱 좋을 것이다. 하지만 연기가 어디 그리 쉬운가. 더군다나 즉흥 연기라니!

내게 "엄마는 엄마 역할 연기자가 되어야 한다"는 말을 들은 어머니들은 대부분 일리가 있다며 고개를 끄덕인다. 그러나 다 듣고 난 후에 애틋한 얼굴로 이런 질문을 던진다.

"선생님, 엄마가 왜 연기를 해야 하는지는 알겠어요. 그런데 사춘기 아이는 천차만별의 행동을 보여주잖아요. 문제는 그럴 때 제가 무슨 연기를 해야 좋을지 모르겠다는 거예요."

그 질문에 답하기 위해서 나는 폴 트루니에를 등장시켰다. 그 어머니가 맞닥뜨린 상황이 바로 '실제 인간'이 나타나야 할 순간이라고 믿기 때문이다.

나도 그 어머니들과 마찬가지로 아이를 대하거나 학생들을 대할 때, '무슨 연기를 해야 좋을지 모르겠는' 순간과 맞닥뜨리곤 한다. 그럴 때 나는 나의 무의식에게 구한다. "어떤 연기를 해야 좋은지 알려 달라"고. 또는 우주의식에게도 구한다. "제발 내가 맡아야 말 배역을 내려 보내 달라"고. 때로는 하느님께 기도하기도 한다. "기가 막힌 연기를 할 수 있는 영감을 허락해주세요"라고.

그러면 무의식이나, 우주의식, 또는 하느님이 그 순간 내가 맡아야 할 역할을 알려주시는 걸 경험할 때가 있다. 그 순간은 '연기하지 않는 연기를 하는' 순간이다. 송강호나 류승범, 또는 전도연이나 전지현처럼 저절로 나오는 연기를 하게 되는 것이다. 그 순간은 실제 인간이 나타나는 순간이며, 오케스트라의 지휘자가 되는 순간이며, 인생 드라마의 진정한 연출가가 되는 순간이다.

내 아이 15살 되기 전에 엄마가 미리 알아야 할 것들

초판 1쇄 인쇄일 2016년 4월 1일 • 초판 1쇄 발행일 2016년 4월 8일
지은이 손병일
펴낸곳 (주)도서출판 예문 • 펴낸이 이주현
기획 편집 김유진 • 편집 김소정 • 영업 이운섭 • 관리 윤영조 · 문혜경
등록번호 제307-2009-48호 • 등록일 1995년 3월 22일 • 전화 02-765-2306
팩스 02-765-9306 • 홈페이지 www.yemun.co.kr
주소 서울시 강북구 미아동 374-43 무송빌딩 4층

ISBN 978-89-5659-306-7